编程风格

程序设计与系统构建的艺术

（原书第2版）

[美] 克里斯蒂娜·维代拉·洛佩斯（Cristina Videira Lopes）著

张轲 译

Exercises in Programming Style

Second Edition

机械工业出版社
CHINA MACHINE PRESS

图书在版编目（CIP）数据

编程风格：程序设计与系统构建的艺术：原书第 2 版 /（美）克里斯蒂娜·维代拉·洛佩斯（Cristina Videira Lopes）著；张轲译 . —北京：机械工业出版社，2023.8

（程序员书库）

书名原文：Exercises in Programming Style, Second Edition

ISBN 978-7-111-73582-3

I. ①编… II. ①克… ②张… III. ①程序设计 IV. ① TP311.1

中国国家版本馆 CIP 数据核字（2023）第 155390 号

机械工业出版社（北京市百万庄大街 22 号　邮政编码 100037）

策划编辑：刘　锋　　　　　　责任编辑：刘　锋　张秀华

责任校对：贾海霞　梁　静　　责任印制：郜　敏

三河市国英印务有限公司印刷

2023 年 10 月第 1 版第 1 次印刷

186mm×240mm · 17.25 印张 · 371 千字

标准书号：ISBN 978-7-111-73582-3

定价：99.00 元

电话服务　　　　　　　网络服务

客服电话：010-88361066　机 工 官 网：www.cmpbook.com

　　　　　010-88379833　机 工 官 博：weibo.com/cmp1952

　　　　　010-68326294　金 书 网：www.golden-book.com

封底无防伪标均为盗版　机工教育服务网：www.cmpedu.com

The Translator's Words 译 者 序

相同的故事，不同的叙述方法。作者以新颖的思路和崭新的视角，讲解程序设计的前世今生。针对"从一段文字中找出不同单词的词频"这一问题，作者通过 40 种不同的编程风格，以具体的代码案例展现了不同历史时代和不同约束条件（硬件技术、编程语言、编程思想等）下程序设计的特色。作者从一个独特的维度带领读者更具体、更全面地理解计算机技术的发展，以及相对应的编程思想的发展。

在过去几十年间，随着计算机技术的飞速发展，编程语言和编程技术日新月异，如从最初的汇编语言等低级编程语言到基于过程的语言、面向对象的语言等高级编程语言。每门语言都有强烈的时代印记，也都有与之相适应的编程风格（或规范）。

本书以当前主流的 Python 语言编写示例代码，通过一个个具体的代码案例来模拟不同时代、不同约束条件下的编程风格。与此同时，还介绍了相关编程风格的历史背景，以及在系统设计中的实际应用。

本书特别适合希望增加自己在计算机领域、程序设计领域知识面广度的读者阅读。希望本书可以帮助到大家。

张轲

2023 年 4 月于杭州

前　　言 *Preface*

在本书第 1 版出版后的六年里，发生了两件事让我想更新这本书。第一件事是 Python 3 的广泛采用。第 1 版的所有代码都是基于 Python 2 的，而 Python 2 现在已经到达了生命周期终点。第 2 版将所有代码更新为 Python 3。

而第二件事，也是更重要的是：自 2014 年以来，机器学习（更具体地说是神经网络）的发展令人眼花缭乱。在 2018 年，我认识到，我的职责和个人挑战是：以与我掌握所有其他概念完全相同的方式掌握神经网络中的基本编程概念——通过在神经网络中研究词频问题。这让我进入了该领域的迷人之旅，就像我过去一样，专注于通过通常不使用神经网络的问题（词频问题）来探索它。词频问题是一个明确定义的问题，我们知道它的确切逻辑。第 2 版包括一个全新的部分（第十部分），其中介绍了神经网络中的一些基本编程概念。

在针对词频问题进行神经网络研究的过程中，有四件事变得清晰起来。第一，我必须将问题分解为更小的子问题，并展示如何使用神经网络解决它们。这是因为完整问题的解决方案本质上是一个函数流水线，需要同时知道太多神经网络概念。第二，虽然机器学习是神经网络流行的魔力，但我发现自己对神经网络作为计算机器的概念更加着迷。尽管我很欣赏统计学基于现有数据进行预测的能力，但作为计算机工程师的我绝对希望通过手动设置权重来对这些神经网络进行手动编程。这版的第十部分介绍了手动编程的神经网络，不涉及自动学习。第三，主流的神经网络编程框架 TensorFlow 以数组编程概念为核心。这并不奇怪，因为我们本质上是在处理线性代数运算。我意识到第 1 版遗漏了这种具有历史意义的编程风格——数组编程，所以我在这版的第一部分增加了一个关于数组编程的讨论。第四，我意识到自己可以轻松地写一本只涵盖神经网络编程概念的新书。我不得不在第 40 章停下来，但这些章节甚至还没开始涵盖神经网络编程思想的广阔而丰富的领域呢。

神经网络需要以一种完全不同的方式来思考计算，既非常低级又非常强大。我现在确信：

每个程序员都需要学习这种类神经网络计算模型，不仅仅是因为目前使用这种模型的应用程序的流行。

Pierre Baldi 帮助我培养了对神经网络的兴趣，以及作为局外人在该领域进行探索的能力。感谢他与我就第十部分所涵盖的所有内容进行了多次对话。在过去的六年中，我的女儿 Julia 长大了，这也使我能专注于完成本书的第 2 版。我还要感谢系主任 André van der Hoek 和院长 Marios Papaefthymiou 允许我在 2018 年休假，让我能够深入机器学习的世界。最后，我要感谢数百名参加过我的课程并热情提供各种反馈的学生。

Cristina Videira Lopes

2020 年 2 月 29 日于美国加利福尼亚州尔湾

第 1 版前言 *Preface to the First Edition*

代码

本书涉及的代码可以从网址 http://github.com/crista/exercises-in-programming-style 处公开获取。

谁会从此书中受益

本书的基础代码集合适合所有喜爱编程艺术的人。我写这本书是为了补充和解释源代码，因为有些习惯用法可能并不明显。拥有多年经验的软件开发人员可能喜欢在本书的上下文中重新审视熟悉的编程风格，并学习自己可能不常用的编程风格。

本书可作为计算机科学和软件工程高级编程课程的教材。其他的教学材料，例如幻灯片，本书英文版也有提供。本书不是为入门级编程课程设计的。对于入门级学生来说，重要的是在学会跑步（即意识到有更多种类）之前要先学会爬行（即在认为只有一种编程方式的错觉下学习编程）。我预计许多读者是大三 / 大四学生或低年级研究生。每章末尾的练习题可以测试读者对每种风格的理解。"延伸阅读"部分更适合研究生阅读。

这本书也可能引起作家们的兴趣，尤其是那些对编程略有了解，或对编程技术有浓厚兴趣的作家们。尽管存在重要差异，但写程序和写书之间仍有许多相似之处。

本书灵感

在 20 世纪 40 年代，法国作家 Raymond Queneau 写了一本名为 *Exercises in Style* 的书，书中以不同的风格书写了同一故事 99 次。这本书主要描述的是写作技巧，书中演示了许多不同的讲故事的方式。故事本身相当琐碎，情节始终相同，书中更突出形式，而不是内容。这本书演示了我们讲故事的方式将如何影响读者对故事的看法。

Queneau 的故事非常简单，用两句话就可以讲清楚：叙述者在"S"巴士上注意到一个戴着帽子的长脖子男人与坐在他旁边的男人发生了口角，两个小时后，叙述者在 Saint Lazare 火车站附近看到长脖子男人和朋友在一起，这位朋友正在给这个男人提出一些关于他大衣上的一个额外扣子的建议。就是这样！作者使用反叙法、隐喻、万物有灵论等多种方式，对这个故事进行了 99 次不同的演绎。

作为多门编程课程的讲师，多年来我注意到：学生经常很难理解编写程序和设计系统的不同方式。他们接受过一种（最多两种）编程语言的训练，因此他们只了解这些语言所鼓励的编程风格，却很难理解其他风格。这不是他们的错。纵观编程语言的历史，加上大多数计算机科学课程中缺乏关于编程风格的教学材料的事实，人们只有在积累了大量经验之后，才能接触到这个问题。即便如此，编程风格仍被视为程序的一种无形资产，难以向他人解释——并且随之而来的是许多技术争论。因此，为了赋予编程风格应有之义，同时由于受到 Queneau 的启发，我决定开始用我多年来遇到的多种风格编写不同的代码来处理一个完全相同的计算项目。

那么，什么是风格呢？在 Queneau 的领域，Oulipo（乌力波，法语 Ouvroir de la littérature potentielle 的缩写，英译为"Workshop of Potential Literature"）团体认为，风格不过是"约束下的创作"的结果，通常基于数学概念，例如排列和组合。这些约束被用作一种手段来创造除了故事本身以外的一些智力上有趣的东西。多年来，这些概念流行了起来，许多文学作品基于 Oulipo 的约束被创作了出来。

在本书中，编程风格也是在一系列约束下编写程序的结果。约束可以来自外部，也可以是自己规定的；约束可以是来自环境的真正挑战，也可以是人为的；约束可以来自过去的经验和可衡量的数据，也可以来自个人偏好。与来源无关，约束是风格的种子。通过遵守不同的约束，我们可以编写各种不同的程序，它们的功能几乎相同，但实现的方式完全不同。

我认为，在优秀程序员必须知道的所有事物中，编程风格与数据结构和算法同样重要，但重点是人的影响而不是计算的影响。程序不仅向计算机传达信息，更重要的是向阅读它的人传达信息。与其他表达方式一样，所讲内容的结果受表达方式的影响。高级程序员不仅需要正确编写性能良好的程序，也需要能够针对不同的目的选择合适的风格来表达这些程序。

传统上，教授算法和数据结构比教授编程表达的细微差别要容易得多。关于数据结构和算法的书籍或多或少都遵循相同的形式：伪代码、注释和算法复杂度分析。而关于编程的文献往往分为两大类：解释编程语言的书籍和展示设计或架构模式集合的书籍。然而，从编程语言鼓励/强制执行的概念到最终构成程序的程序元素组合，在如何编写程序的（概念）范围内，有一个连续统一体；语言和模式相互依赖，将它们作为两种不同的事物分开，会产生错误。接触过 Queneau 的作品后，在我看来，他的关注点——将约束作为解释表达风格的基础，曾是统一编程世界中许多重要的创造性工作的完美模型。

需要指出的是，我并不是第一个将约束视为解释软件系统风格的良好统一原则的人。长期以来，关于架构风格的作品一直采用这种方法。我承认，风格源于约束（有些是不允许的，有些必须存在，有些则是有限制的，等等）的概念起初有点难以理解。毕竟，谁愿意在约束下编写程序？直到我看到 Queneau 的作品，才认为这个想法完全合情合理。

就像 Queneau 的故事一样，本书中的计算任务很简单：给定一个文本文件，我们希望生成文件中的单词列表及单词出现频率，并按词频降序打印出来。这个计算任务被称为**词频**（term frequency）**分析任务**。本书包含 33 种用于词频分析任务的编程风格，每章一种。与Queneau 的书不同，我决定用语言描述每种风格的约束，并解释对应的示例程序。考虑到目标受众，我认为重要的是明确地提供这些见解，而不是让读者自行解读。每章都首先介绍风格的约束，接着展示示例程序，最后详细解释代码；大多数章节都有关于在系统设计中使用这种风格的额外介绍，以及编程风格的历史背景。历史很重要，一门学科不应该忘记其核心思想的起源。我希望读者有足够的好奇心，多多阅读"延伸阅读"部分的内容。

为什么是 33 种风格？之所以选择 33 种只是因为个人挑战。Queneau 的书有 99 种风格。如果我的目标是写一本 99 章的书，我可能永远完成不了它！然而，作为本书基础的公共代码库可能会持续更新。这些风格分为九大类：历史、基础风格、函数组合、对象和对象交互、反射和元编程、逆境、以数据为中心、并发，以及交互。本书以分类方式组织内容，将彼此之间更相关的风格放在一起。当然，也可以选择其他的分类方式。

类似于 Queneau 的书，本书的编程风格练习也确实是练习。它们是软件的草图或分解，真正的软件通常需要针对系统的不同部分采用不同的（编程）风格。此外，所有这些风格都可以混合搭配，创造出更有趣的混合风格。

最后，尽管 Queneau 的书是这个项目的灵感来源，但软件与语言艺术并不完全相同。软件设计决策需要考虑效用函数，即对于特定目标，某些表达方式比其他表达方式更好$^{\ominus}$。在本书中，除非在某些明确的情况下，我会尽量避免做出好坏判断。之所以不能由我来做出这些判断，是因为它们在很大程度上取决于每个项目的上下文。

致谢

我要感谢以下朋友为本书早期草稿提供宝贵的反馈意见：Richard Gabriel、Andrew Black、

$\ominus$　或许在语言艺术中也有这种情况，只不过我了解得还不够多。

Guy Steele、James Noble、Paul Steckler、Paul McJones、Laurie Tratt、Tijs van der Storm 以及参加加州大学尔湾分校 INF 212 / CS 235（Winter 14）课程的学生，尤其是 Matias Giorgio 和 David Dinh。

　　我还要感谢 IFIP Working Group 2.16 的成员，我第一次向他们提出了写本书的想法，他们的反馈对本书内容塑造至关重要。

　　特别感谢本书代码库的贡献者：Peter Norvig、Kyle Kingsbury、Sara Triplett、Jørgen Edelbo、Darius Bacon、Eugenia Grabrielova、Kun Hu、Bruce Adams、Krishnan Raman、Matias Giorgio、David Foster、Chad Whitacre、Jeremy MacCabe 和 Mircea Lungu。

导　言 *Prologue*

词频

就像 Queneau 的故事一样，本书中的计算任务很简单：给定一个文本文件，我们希望显示 N（例如 25）个出现频率最高的单词，以及它们对应的出现频率，并且按词频降序排列。我们应确保对单词的大小写进行规范并忽略诸如"the""for"等停用词。为了简单起见，我们不关心词频相同的单词的顺序。这个计算任务被称为**词频分析任务**。

以下是一个词频程序接收的输入文件，以及程序运行后产生的相应输出的示例：

输入：

```
White tigers live mostly in India
Wild lions live mostly in Africa
```

输出：

```
live - 2
mostly - 2
africa - 1
india - 1
lions - 1
tigers - 1
white - 1
wild - 1
```

如果对 Gutenberg Collection[一]上提供的简·奥斯汀的《傲慢与偏见》[二]运行这个词频程序，我们将得到以下输出：

```
mr      -  786
elizabeth  -  635
very    -  488
darcy   -  418
```

[一]　一个免费的电子书网站。——译者注
[二]　本书示例中使用的是《傲慢与偏见》英文版内容。——译者注

```
such  -  395
mrs   -  343
much  -  329
more  -  327
bennet  -  323
bingley  -  306
jane  -  295
miss  -  283
one  -  275
know  -  239
before  -  229
herself  -  227
though  -  226
well  -  224
never  -  220
sister  -  218
soon  -  216
think  -  211
now  -  209
time  -  203
good - 201
```

本书的所有示例程序都（分别）实现了这个词频分析任务。此外，每章都有一组练习，其中一个练习是使用相应的风格实现另一个简单的计算任务。下面我给出了一些建议。

练习中的这些计算任务足够简单，任何高年级学生都可以轻松解决。读者们不应该把解决算法上的困难作为关注点，相反，应该把关注点放在遵循每种风格的约束上。

单词索引

对于给定的文本文件，按字母顺序输出所有单词，以及它们在书中出现的页码。忽略出现超过 100 次的所有单词。假设每页 45 行文字。例如，对于给定的《傲慢与偏见》，索引的前几个条目将是：

```
abatement - 89
abhorrence - 101, 145, 152, 241, 274, 281
abhorrent - 253
abide - 158, 292
...
```

单词的上下文

对于给定的文本文件，按字母顺序显示某些单词和它的上下文，以及它们出现的页码。假设每页 45 行文字。假设上下文单词包含前面两个词及后面两个词。忽略标点符号。例如，对于给定的《傲慢与偏见》，单词"concealment"和"hurt"的上下文结果输出如下：

perhaps this **concealment** this disguise - 150

purpose of **concealment** for no - 207
pride was **hurt** he suffered - 87
must be **hurt** by such - 95
and are **hurt** if i - 103
pride been **hurt** by my - 145
must be **hurt** by such - 157
infamy was **hurt** and distressed – 248

（给定单词的）上下文任务中的单词有：concealment、discontented、hurt、agitation、mortifying、reproach、unexpected、indignation、mistake 和 confusion。

Python 主义

本书中使用的示例代码都是用 Python 编写的，但是理解这些风格并不需要 Python 专业知识。事实上，每章都有一个用其他语言编写示例程序的练习。因此，读者只需要能够阅读 Python 而无须使用 Python 编写程序。

Python 相对容易阅读。然而，该编程语言的一些功能可能会使习惯其他编程语言的读者感到困惑。这里将解释其中的一些：

❏ **列表（List）**。在 Python 中，列表是一种由专用语法支持的原始数据类型，该语法通常与类 C 语言中的数组相关联，例如 mylist = [0, 1, 2, 3, 4, 5]。Python 没有将数组作为原始数据类型[⊖]，并且在大多数情况下，若在类 C 语言中使用数组，那么在 Python 中将使用列表。

❏ **元组（Tuple）**。元组是一个不可变的列表。元组也是由专用语法支持的原始数据类型，通常与类 LISP 语言中的列表相关联，例如 mytuple = (0, 1, 2, 3, 4)。元组和列表的处理方式相似，只是元组是不可变的，因此更改列表的操作不适用于元组。

❏ **列表索引（List indexing）**。列表和元组的元素通过索引的方式来访问，例如 mylist[某个索引值]。列表的索引下界是 0，和类 C 语言一样，列表的长度是 len(mylist)。通过索引访问列表的表现力远比这个简单示例所呈现的更强。以下是更多示例：

* mylist[0]，列表的第一个元素；
* mylist[-1]，列表的最后一个元素；
* mylist[-2]，列表的倒数第二个元素；

⊖ Python 中有一个数组数据对象，但它不是该语言的原始类型，也没有任何特殊的语法。它不像列表那样被广泛使用。

- mylist[1:]，列表mylist中，索引1到列表结束对应的全部元素；

- mylist[1:3]，列表mylist中，索引1到索引3对应的全部元素；

- mylist[::2]，列表mylist中，从第一个元素开始，每隔一个元素获取一个元素，直到列表结束；

- mylist[start:stop:step]，列表mylist中，从索引start开始到索引stop结束每隔step个元素获取一个元素。

❑ **边界（Bound）**。对超出列表长度的元素进行索引将产生IndexError。例如，如预期的一样，尝试访问包含3个元素的列表的第4个元素（例如[10, 20, 30][3]）会导致IndexError。然而，Python中许多针对列表（以及通用集合）的操作，在索引方面都是建构主义风格。例如，在只有3个元素的列表中获取索引3到100的元素组成的列表（例如[10, 20, 30][3:100]），会生成空列表（[]）而不是导致IndexError。类似地，任何列表访问索引只要部分覆盖列表都会得到覆盖列表的部分的结果，不会导致IndexError（例如[10, 20, 30][2:10]的结果为[30]）。对于习惯了严格语言的人来说，这种建构主义风格起初可能令人费解。

❑ **字典（Dictionary）**。在Python中，字典或映射也是由专用语法支持的原始数据类型，例如mydict = {'a' : 1, 'b' : 2}。这个特定的字典将两个字符串键映射到两个整数值。通常，键和值可以是任何类型的。在Java中，这些类型的字典对应HashMap类等形式，而在C++中，它们对应类模板map等形式。

❑ **self**。在大多数面向对象的语言中，对象对自身的引用是通过特殊语法隐式实现的，例如Java和C++中的this、PHP中的$this或Ruby中的@。与这些语言不同，Python在这方面没有专门的语法。此外，实例方法只是将对象作为第一个参数的类方法。此时，第一个参数按照惯例称为self，但不是语言的特殊要求。以下是一个类定义的示例，其中包含2个实例方法：

```
1  class Example:
2      def set_name(self, n):
3          self._name = n
4      def say_my_name(self):
5          print self._name
```

这两个方法都有一个名为self且在第一个位置的参数，在它们的函数体中都会访问这个参数（self）。self这个词没有什么特别之处，方法可以使用任何其他名称，例如me或my甚至this，但是除self之外的任何词都不会被Python程序员接受。然而，在调用实例方法时，可能会很令人惊讶，因为省略了第一个参数（self）：

```
e = Example()
e.set_my_name(``Heisenberg'')
e.say_my_name()
```

这种参数数量上的不匹配是由 Python 中的点符号（.）导致的，它只是另一种更原始的方法调用的语法糖：

```
e = Example()
Example.set_my_name(e, ``Heisenberg'')
Example.say_my_name(e)
```

❑ **构造函数**。在 Python 中，构造函数是名为 __init__ 的常规方法。具有这个名称的方法会在对象创建后立即被 Python 运行时自动调用。下面是一个带有构造函数的类及其用法的示例：

```
1  class Example:
2      # This is the constructor of this class
3      def __init__(self, n):
4          self._name = n
5      def say_my_name(self):
6          print self._name
7
8  e = Example(``Heisenberg'')
9  e.say_my_name()
```

About the Author 作者简介

克里斯蒂娜·维代拉·洛佩斯（Cristina Videira Lopes）是美国加州大学尔湾分校唐纳德·布伦信息与计算机科学学院的软件工程教授，她的研究重点是大规模数据和系统的软件工程。在她职业生涯的早期，她曾是 Xerox PARC 团队的创始成员，该团队开发了面向切面的编程（Aspect-Oriented Programming）和 AspectJ。除了进行项目研究，她还是一名多产的软件开发人员，其开源贡献包括声学软件调制解调器和虚拟世界服务器 OpenSimulator。她还是一家公司的联合创始人，该公司专门为早期可持续城市再开发项目提供在线虚拟现实支持。她为基于 OpenSimulator 的虚拟世界开发并维护了一个搜索引擎。

她拥有美国东北大学的博士学位，以及葡萄牙高等理工学院（Instituto Superior Técnico）的硕士和学士学位。她获得了多个国家科学基金会项目的资助，还获得了享有盛誉的 CAREER 奖。她还是 ACM 杰出科学家和 IEEE 会士。

目 录 *Contents*

第一部分 *Part 1*

历　史

计算系统就像洋葱一样，为了便于表达意图，随着时间的推移，人们开发出了一层又一层的抽象。因此，了解内层的真正含义至关重要。本部分的三种编程风格描述了几十年前编程是什么样的。在某种程度上，如今它仍旧是这样的——因为想法不断地被重新提出。

## 第 1 章

往日的美好风格

1.1　约束条件

☐ 非常小的主存储器（内存），通常比需要处理 / 生成的数据小几个数量级。

☐ 没有标识符，即没有变量名或者标记的内存地址。所拥有的仅仅是可以用数字索引寻址的内存。

1.2 此编程风格的程序

```python
1  #!/usr/bin/env python
2  import sys, os, string
3
4  # Utility for handling the intermediate 'secondary memory'
5  def touchopen(filename, *args, **kwargs):
6      try:
7          os.remove(filename)
8      except OSError:
9          pass
10     open(filename, "a").close() # "touch" file
11     return open(filename, *args, **kwargs)
12
13 # The constrained memory should have no more than 1024 cells
14 data = []
15 # We're lucky:
16 # The stop words are only 556 characters and the lines are all
17 # less than 80 characters, so we can use that knowledge to
18 # simplify the problem: we can have the stop words loaded in
19 # memory while processing one line of the input at a time.
20 # If these two assumptions didn't hold, the algorithm would
21 # need to be changed considerably.
22
23 # Overall strategy: (PART 1) read the input file, count the
24 # words, increment/store counts in secondary memory (a file)
25 # (PART 2) find the 25 most frequent words in secondary memory
26
27 # PART 1:
28 # - read the input file one line at a time
29 # - filter the characters, normalize to lower case
30 # - identify words, increment corresponding counts in file
31
32 # Load the list of stop words
33 f = open('../stop_words.txt')
34 data = [f.read(1024).split(',')] # data[0] holds the stop words
35 f.close()
36
37 data.append([])     # data[1] is line (max 80 characters)
38 data.append(None)   # data[2] is index of the start_char of word
39 data.append(0)      # data[3] is index on characters, i = 0
40 data.append(False)  # data[4] is flag indicating if word was found
41 data.append('')     # data[5] is the word
42 data.append('')     # data[6] is word,NNNN
43 data.append(0)      # data[7] is frequency
44
45 # Open the secondary memory
46 word_freqs = touchopen('word_freqs', 'rb+')
47 # Open the input file
48 f = open(sys.argv[1], 'r')
49 # Loop over input file's lines
50 while True:
51     data[1] = [f.readline()]
52     if data[1] == ['']: # end of input file
53         break
54     if data[1][0][len(data[1][0])-1] != '\n': # If it does not end
           with \n
```

```
55          data[1][0] = data[1][0] + '\n' # Add \n
56      data[2] = None
57      data[3] = 0
58      # Loop over characters in the line
59      for c in data[1][0]: # elimination of symbol c is exercise
60          if data[2] == None:
61              if c.isalnum():
62                  # We found the start of a word
63                  data[2] = data[3]
64          else:
65              if not c.isalnum():
66                  # We found the end of a word. Process it
67                  data[4] = False
68                  data[5] = data[1][0][data[2]:data[3]].lower()
69                  # Ignore words with len < 2, and stop words
70                  if len(data[5]) >= 2 and data[5] not in data[0]:
71                      # Let's see if it already exists
72                      while True:
73                          data[6] = str(word_freqs.readline().strip
                                  (), 'utf-8')
74                          if data[6] == '':
75                              break;
76                          data[7] = int(data[6].split(',')[1])
77                          # word, no white space
78                          data[6] = data[6].split(',')[0].strip()
79                          if data[5] == data[6]:
80                              data[7] += 1
81                              data[4] = True
82                              break
83                      if not data[4]:
84                          word_freqs.seek(0, 1) # Needed in Windows
85                          word_freqs.write(bytes("%20s,%04d\n" % (
                                  data[5], 1), 'utf-8'))
86                      else:
87                          word_freqs.seek(-26, 1)
88                          word_freqs.write(bytes("%20s,%04d\n" % (
                                  data[5], data[7]), 'utf-8'))
89                      word_freqs.seek(0,0)
90                  # Let's reset
91                  data[2] = None
92          data[3] += 1
93  # We're done with the input file
94  f.close()
95  word_freqs.flush()
96
97  # PART 2
98  # Now we need to find the 25 most frequently occurring words.
99  # We don't need anything from the previous values in memory
100 del data[:]
101
102 # Let's use the first 25 entries for the top 25 words
103 data = data + [[]]*(25 - len(data))
104 data.append('') # data[25] is word,freq from file
105 data.append(0)  # data[26] is freq
106
107 # Loop over secondary memory file
108 while True:
109     data[25] = str(word_freqs.readline().strip(), 'utf-8')
110     if data[25] == '': # EOF
```

```
111         break
112     data[26] = int(data[25].split(',')[1]) # Read it as integer
113     data[25] = data[25].split(',')[0].strip() # word
114     # Check if this word has more counts than the ones in memory
115     for i in range(25): # elimination of symbol i is exercise
116         if data[i] == [] or data[i][1] < data[26]:
117             data.insert(i, [data[25], data[26]])
118             del data[26] #  delete the last element
119             break
120
121 for tf in data[0:25]: # elimination of symbol tf is exercise
122     if len(tf) == 2:
123         print(tf[0], '-', tf[1])
124 # We're done
125 word_freqs.close()
```

注意　如果不熟悉 Python，请参考"导言"部分来了解 Python 中列表、索引和边界的相关定义。

1.3　评注

在这种风格下，程序反映了运行它的、受限制的计算环境。内存限制迫使程序员必须在有限的可用内存中轮流装载数据，这增加了计算任务的复杂性。此外，标识符[⊖]的缺失导致程序文本中缺少描述问题的自然术语，需要通过注释和文档来增加程序文本的可读性。这就是 20 世纪 50 年代初期关于编程的全部内容。然而，这种编程风格并没有消失，它如今仍旧被使用在直接处理硬件或者需要优化使用内存的场景中。

对于不习惯这类约束的程序员来说，示例程序看起来可能很陌生。虽然这是一个与 Python 或任何现代编程语言都无关的程序，但它很好地体现了本书的主题：编程风格源于约束。很多时候，约束是外部强加的——也许是硬件内存有限，也许是汇编语言不支持标识符，也许是性能很关键（必须直接与机器打交道等）。其他时候，约束是自己强加的：程序员或整个开发团队决定坚持某些思考问题和编写代码的方式，原因很多——考虑可维护性、可读性、可扩展性、问题域、开发人员过去的经验等。或者简单地说，就像这本书的情况一样，在不涉及新的语法的情况下教授低级编程语言相关的编程内容。事实上，几乎可以用任何编程语言编写低级的往日美好风格的程序！

在解释了这种不寻常的词频任务实现的原因后，我们深入研究一下这个程序。内存限制使得我们不能忽视要处理的数据的大小。在本示例中，我们自己设置了 1024 个存储单元（第 13 行）。"存储单元"在此处有些模糊，被用来粗略地表示一段简单的数据，例如字符或数字。鉴于像《傲慢与偏见》这样的书包含的单词数远远超过 1024 个，我们需要想办法一小块一小块地读取和处理数据，并且大量使用"辅助存储器"（文件）来存储暂时无法被

⊖　如变量名。——译者注

装入主存储器中的数据。在开始编码之前，我们需要确定主存储器（内存）中保存什么、将什么转存到辅助存储器，以及何时保存数据（请参阅第16行到第26行中的注释）。那时和现在一样，访问主存储器（内存）比访问辅助存储器快几个数量级，因此这些计算是为了优化性能。

还有许多选项可以采用，我们鼓励读者探索这种风格的各种解决方案。示例程序分为两个不同的部分：第一部分（第28行到第95行）处理输入文件，计算单词出现的频率并将该数据写入词频文件；第二部分（第98行到第125行）处理中间文件（词频文件），以便发现前25个最常出现的单词，并在最后打印出它们。

程序的第一部分的工作原理如下：

❑ 在主存储器中存放停用词，大约500个字符（程序文本第33行到第36行）；

❑ 每次读取输入文件的一行，每行最多只有80个字符（程序文本第50行到第95行）；

❑ 对于每一行，过滤字符、识别单词并将它们规范为小写（程序文本第59行到第95行）；

❑ 从辅助存储器中读取或者向辅助存储器中写入单词以及它们的词频（程序文本第73行到第90行）。

像这样处理完整个输入文件后，接着我们将注意力转向中间文件中已积累的单词和词频。我们需要的是已排序的最常出现的单词的列表，因此程序执行以下操作：

❑ 在内存中维护一个有序列表，存放当前25个最常出现的单词及其频率（程序文本第104行）；

❑ 从文件中每次读取一行，每行包含一个单词及它对应的频率（程序文本第108行到第113行）；

❑ 如果新单词的频率高于内存中的任何单词，则将其插入列表的适当位置，并删除列表末尾的单词（程序文本第116行到第120行）；

❑ 最后，打印前25个单词及其频率（程序文本第121行到第123行），并关闭中间文件（程序文本第125行）。

如你所见，内存约束对所采用的算法有很大影响，因为我们必须时刻关注内存中存储了多少数据。

第二个自己强加的约束是：没有标识符。第二个约束对程序也有很大的影响，但这种影响的性质不同：它影响的是程序的可读性。程序没有变量，只有一个数据存储器，该数据存储器可以通过数字索引的方式来访问对应的数据。问题的自然概念（单词、频率、计数、排序等）在程序文本中完全不存在，而是间接被表示为内存的索引。重新引入这些概念的唯一方法是：添加注释来解释内存单元保存的数据类型（例如第37行到第43行，以及第102行到第105行中的注释）。在通读程序的时候，我们经常需要回到那些注释处，才能了解某个内存索引对应的高级概念是什么。

1.4　系统设计中的此编程风格

在如今轻松拥有 GB 级内存的计算机的时代，此处展示的受限内存场景已是过去的模糊记忆。即使现代编程语言鼓励忽视内存管理，然而，随着现代程序处理的数据量不断增长，很容易让程序的内存消耗失控，从而对程序的运行时性能产生负面影响。一定程度地了解不同编程风格对内存使用的影响总是一件好事。

如今，许多应用程序——那些所谓的大数据范畴内的应用程序——重新把处理小内存场景的复杂性带回到人们的视野。在这种情况下，虽然从绝对数值上说内存并不稀缺，但它仍比需要处理的数据规模小很多。例如，如果将词频程序应用到整个 Gutenberg Collection，而不仅仅是《傲慢与偏见》一本书，我们可能无法同时将所有书籍都保存到内存中，甚至可能无法在内存中保存所有词频列表。一旦数据无法一次性全部装入内存，开发人员就必须设计智能的模式来：（1）表示需要处理的数据，以便在给定时间将更多的数据载入内存；（2）在主存储器和辅助存储器之间轮换数据。在这些约束条件下进行编程，往往会使程序感觉更像往日的美好风格。

关于名称的缺失，整个 20 世纪 50 年代和 60 年代，编程语言演变背后的主要驱动力之一正是消除认知的间接性，正如示例中所示的那些：我们希望程序文本尽可能多地反映领域内的高级概念，而不是反映低级的机器概念并依靠外部文档在两者之间进行映射。但是，尽管编程语言长期以来一直提供用户定义的命名抽象，但程序员未能恰当地命名他们的程序元素、API 和整个组件的情况并不少见，而这会导致程序、库和系统就像本示例显示的那样晦涩难懂。

这种往日的美好风格提醒了我们该多么感激现在这个时代——能够在内存中保存如此多的数据并能够为每个程序元素提供适当的名称！

1.5　历史记录

这种编程风格直接来自第一个真正可行的计算模型——图灵机。图灵机由一个无限长的、可修改状态的"磁带"（数据存储器）和一个读取与修改状态的状态机组成。图灵机对计算机的发展及编程方式产生了巨大的影响。图灵的想法也影响了冯·诺依曼对第一台带有存储程序的计算机的设计。图灵本人还编写了被称为自动计算引擎（Automatic Computing Engine，ACE）的计算机器规范，该规范在很多方面都比冯·诺依曼（von Neumann）的更先进。由于那份规范被英国政府保密，以及二战后的政治环境，图灵的设计直到多年后才被付诸实践，但仍然处于保密状态。冯·诺依曼的计算机架构和图灵机推动了 20 世纪 50 年代第一批编程语言的出现，这些编程语言通过随时间重用和改变内存中的状态来实现编程的概念。

1.6 延伸阅读

Bashe, C., Johnson, L., Palmer, J. and Pugh, E. (1986). *IBM's Early Computers: A Technical History* (History of Computing), MIT Press, Cambridge, MA.

概要：IBM 是早期计算机领域的主要商家。该书讲述了 IBM 从电子机械制造商向计算机制造巨头的转型。

Carpenter, B.E. and Doran, R.W. (1977). The other Turing Machine. *Computer Journal* 20(3): 269–279.

概要：图灵的一篇技术报告，描述了基于冯·诺伊曼的计算机的完整架构，并且包括了子程序、堆栈等。

Turing, A. (1936). On computable numbers, with an application to the Entscheidungs problem. *Proceedings of the London Mathematical Society* 2(42): 230–265.

概要：原始的"图灵机"。在本书的上下文中，该论文被推荐不是因为其数学性，而是因为图灵机的编程模型：带符号的磁带、左右移动的磁带读写器，以及磁带上符号的覆写。

von Neumann, J. (1945). First draft of a report on the EDVAC. Reprinted in *IEEE Annals of the History of Computing* 15(4): 27–43, 1993.

概要：起初的"冯·诺伊曼架构"。与图灵的论文一样，之所以被推荐是因为其编程模型。

1.7 词汇表

- **主存储器**：通常简称为内存，CPU 能够直接访问存放在内存中的数据。大多数存放在该存储器中的数据都具有易失性，即数据不会在使用它们的程序执行完后继续保存，也不会在机器断电后永久保存。如今，主存储器是随机存取存储器（Random Access Memory，RAM），这意味着 CPU 可以快速寻址其中的任何单元，而不必按顺序扫描。
- **辅助存储器**：与主存储器不同，辅助存储器是指任何不能由 CPU 直接访问而是通过输入 / 输出通道间接访问的存储设备。存放在辅助存储器中的数据在断电后仍旧保留在设备中，直到被明确删除。在现代计算机中，硬盘驱动器和 U 盘是最常见的辅助存储器形式。访问辅助存储器的速度比访问主存储器的速度慢几个数量级。

1.8 练习

1. 用另一种语言实现示例程序，但风格不变。

2. 示例程序仍有一些标识符，在程序文本第 59 行（c）、第 115 行（i）和第 121 行（tf）。更改程序，去除这些标识符。

3. 示例程序每次将一行载入内存。这样的做法没有充分利用主存储器（容量）。修改程序，使其在不超过 1024 个存储单元的既定限制下，（每次）载入更多行到内存中。调整选择的行数。检查你的版本是否比原始示例程序运行得更快，并解释结果。

4. 采用往日的美好风格编码完成"导言"中提出的任务之一。

Forth 风格

2.1 约束条件

- 数据栈的存在。所有运算（条件运算、算术运算等）都是在存放于栈上的数据上完成的。

- 堆的存在——用于存放稍后需要参与运算的数据。堆上的数据可以与名称（即变量）相关联。如前所述，因为所有的运算都在栈上的数据上完成，所以堆上的数据需要先被移到栈上，在栈上参与运算后，被移回堆上。

- 用户自定义"过程"（即绑定到一组指令的名称）形式的抽象完全可以被叫作其他东西。

2.2　此编程风格的程序

```python
1  #!/usr/bin/env python
2  import sys, re, operator, string
3
4  #
5  # The all-important data stack
6  #
7  stack = []
8
9  #
10 # The heap. Maps names to data (i.e. variables)
11 #
12 heap = {}
13
14 #
15 # The new "words" (procedures) of our program
16 #
17 def read_file():
18     """
19     Takes a path to a file on the stack and places the entire
20     contents of the file back on the stack.
21     """
22     f = open(stack.pop())
23     # Push the result onto the stack
24     stack.append([f.read()])
25     f.close()
26
27 def filter_chars():
28     """
29     Takes data on the stack and places back a copy with all
30     nonalphanumeric chars replaced by white space.
31     """
32     # This is not in style. RE is too high-level, but using it
33     # for doing this fast and short. Push the pattern onto stack
34     stack.append(re.compile('[\W_]+'))
35     # Push the result onto the stack
36     stack.append([stack.pop().sub(' ', stack.pop()[0]).lower()])
37
38 def scan():
39     """
40     Takes a string on the stack and scans for words, placing
41     the list of words back on the stack
42     """
43     # Again, split() is too high-level for this style, but using
44     # it for doing this fast and short. Left as exercise.
45     stack.extend(stack.pop()[0].split())
46
47 def remove_stop_words():
48     """
49     Takes a list of words on the stack and removes stop words.
50     """
51     f = open('../stop_words.txt')
52     stack.append(f.read().split(','))
53     f.close()
54     # add single-letter words
```

```
55      stack[-1].extend(list(string.ascii_lowercase))
56      heap['stop_words'] = stack.pop()
57      # Again, this is too high-level for this style, but using it
58      # for doing this fast and short. Left as exercise.
59      heap['words'] = []
60      while len(stack) > 0:
61          if stack[-1] in heap['stop_words']:
62              stack.pop() # pop it and drop it
63          else:
64              heap['words'].append(stack.pop()) # pop it, store it
65      stack.extend(heap['words']) # Load the words onto the stack
66      del heap['stop_words']; del heap['words'] # Not needed
67
68  def frequencies():
69      """
70      Takes a list of words and returns a dictionary associating
71      words with frequencies of occurrence.
72      """
73      heap['word_freqs'] = {}
74      # A little flavour of the real Forth style here...
75      while len(stack) > 0:
76          # ... but the following line is not in style, because the
77          # naive implementation would be too slow
78          if stack[-1] in heap['word_freqs']:
79              # Increment the frequency, postfix style: f 1 +
80              stack.append(heap['word_freqs'][stack[-1]]) # push f
81              stack.append(1) # push 1
82              stack.append(stack.pop() + stack.pop()) # add
83          else:
84              stack.append(1) # Push 1 in stack[2]
85          # Load the updated freq back onto the heap
86          heap['word_freqs'][stack.pop()] = stack.pop()
87
88      # Push the result onto the stack
89      stack.append(heap['word_freqs'])
90      del heap['word_freqs'] # We don't need this variable anymore
91
92  def sort():
93      # Not in style, left as exercise
94      stack.extend(sorted(stack.pop().items(), key=operator.
            itemgetter(1)))
95
96  # The main function
97  #
98  stack.append(sys.argv[1])
99  read_file(); filter_chars(); scan(); remove_stop_words()
100 frequencies(); sort()
101
102 stack.append(0)
103 # Check stack length against 1, because after we process
104 # the last word there will be one item left
105 while stack[-1] < 25 and len(stack) > 1:
106     heap['i'] = stack.pop()
107     (w, f) = stack.pop(); print(w, '-', f)
108     stack.append(heap['i']); stack.append(1)
109     stack.append(stack.pop() + stack.pop())
```

2.3　评注

此编程风格的灵感来自 Forth 语言（一种小型编程语言），该语言最初由 Charles Moore 在 20 世纪 50 年代后期作为个人编程系统开发（当时，Moore 是 Smithsonian 天体物理实验室的一名程序员）。该编程系统是一种简单语言的解释器，无须重新编译程序便可处理不同的公式，而编译程序在当时是一项非常耗时的任务。

这种有趣的小型语言的核心是引入了栈的概念。公式按后缀表示法录入系统，例如"3 4+"（表示 3 加 4）。系统以每次一个操作数的频率将操作数压入栈，根据运算符从栈上提取操作数，运算，并且用结果替代操作数，然后压入栈。当数据没有立刻被需要时，则将其放在被称为堆的内存部分。除了堆栈机器之外，Forth 语言还支持定义过程（Procedure，在 Forth 语言中叫"单词"）。这些过程与内置过程一样，对栈上的数据进行操作。

由于后缀表示法和一些在任何其他语言中都不使用的特殊符号，Forth 语言的语法可能很难理解。但是，一旦我们理解了约束——栈、堆、过程和名称，语言模型就变得非常简单。本章没有使用由 Python 语言编写的 Forth 语言解释器，而是展示了如何在 Python 程序中编码 Forth 语言的底层约束，从而大致形成 Forth 语言的编程风格。我们来分析一下示例程序。

首先，为了支持这种风格，我们定义栈（第 7 行）和堆（第 12 行）[⊖]。接着，我们定义一组过程（在 Forth 语言术语中叫"单词"）。这些过程可以帮助我们将问题分解为更小的子步骤，例如读取文件（第 17 行到第 25 行）、过滤字符（第 27 行到第 36 行）、扫描单词（第 38 行到第 45 行）、删除停用词（第 47 行到第 66 行）、计算频率（第 68 行到第 90 行），以及对结果进行排序（第 92 行到第 94 行）。接下来，我们将详细地研究其中的一些过程。需要注意的一件事是，所有这些过程都使用栈中的数据（例如第 22、36、45 行），并通过将数据压入栈（例如第 24、36、45 行）结束。

在 Forth 语言中，堆（heap）能够支持数据块的分配，并且这些数据块可以（而且通常是）被绑定到名称。换句话说，就是被绑定到变量。该机制相对较底层，因为程序员需要定义数据的大小。在我们对 Forth 风格的模拟中，我们简单地使用字典（第 12 行）。因此，在第 56 行中，我们将栈上的停用词直接弹出，并存放到堆上定义的名为 stop_words 的变量中。

示例程序的许多部分未使用 Forth 风格编写，但有些部分符合 Forth 语言的风格，我们重点关注后者。例如，过程 remove_stop_words（从第 47 行开始）删除停用词。当该过程被调用时，栈中包含输入文件的全部单词（并且这些单词被进行了适当的规范化）。《傲慢与偏见》的前几个词是：

```
['the', 'project', 'gutenberg', 'ebook', 'of', 'pride', 'and', 'prejudice', ...]
```

⊖ 在 Python 语言中，栈就是列表，我们通过调用 pop 和 append（充当 push）将它们（列表）当作栈来使用。偶尔，我们也会使用 extend 作为将整个列表的元素追加 / 压入栈的快捷方式。

对于那本书，以上就是此时栈中的内容。接下来，我们打开停用词文件，并将停用词列表压入栈（第 51 行到第 55 行）。为了简单起见，我们将它们保存在自己的列表中，而不是将它们与栈中的其余数据合并。栈现在看起来像这样：

```
[['the', 'project', 'gutenberg', 'ebook', 'of', 'pride', 'and', 'prejudice', ...,
    ['a', 'able', 'about', 'across', ...]]
```

我们把文件中的全部停用词读取完毕并压入栈后，再将它们弹出并存放到堆中（第 56 行），为下一步处理仍存放在栈中的单词做准备。第 60 行到第 64 行以如下方式遍历栈中的（每个）单词，直到栈为空（在第 60 行进行测试）：我们检查栈顶部的单词（在 Python 中为 stack[-1]）是否在停用词列表中（第 61 行）。在真正的 Forth 语言中，这个测试比这里显示的要底层得多，因为我们也需要显式地遍历停用词列表。在任何情况下，如果这个词在停用词列表中，只需将它从栈中弹出并忽略它。如果该词不在停用词列表中（第 63 行），则将其从栈中弹出并存放到堆中另一个名为 words 的变量中——该列表不断累积非停用词（第 64 行）。当迭代结束时，我们获取变量 words 并将其全部内容放回栈中（第 65 行）。最终得到包含所有非停用词的栈，如下所示：

```
['project', 'gutenberg', 'ebook', 'pride', 'prejudice', ...]
```

此时，我们不再需要堆上的变量，所以释放掉它们（第 66 行）。Forth 语言支持从堆中删除变量，正如我们现在所做的。

frequencies 过程（从第 68 行开始）展示了与算术运算相关的另一个风格细节。该过程从处理栈上的非停用词开始（如上所示），并以将包含单词和频率的字典压入栈中结束（第 89 行）。它的工作原理如下。第一步，在堆上分配一个名为 word_freqs 的变量，该变量用来存储单词－词频对（第 73 行），该变量初始为空。第二步，开始遍历栈上的全部单词，对于栈顶部的每个单词，检查该单词之前是否出现过（第 78 行）（出于性能原因，本示例代码使用了比 Forth 语言更高级的表达方式），如果该单词之前出现过，则需要递增它的频率计数，它的实现方式是将该单词当前的频率计数压入栈（第 80 行），接着将值 1 压入栈（第 81 行），然后将栈顶部的两个操作数弹出并相加后再将结果压入栈；如果该单词之前未出现过（第 83 行），则只需将值 1 压入栈。最后，我们将频率计数（第 86 行赋值操作的右侧）和单词本身（第 86 行赋值操作的左侧）从栈中弹出，存入堆上的变量中，并且将下一个单词移到栈顶部，直到栈为空（回到第 75 行）。最终，如前所述，我们将堆上变量中的全部内容压入栈，并删除该变量。

始于第 98 行的 main 函数是整个程序的开始。首先，我们将输入文件的名称压入栈（第 98 行），并按顺序调用各个过程。请注意，被调用的这些过程之间并不是完全独立的。每一个过程都假设栈上现存的数据是前一个过程处理完的。

一旦计数和排序过程完成，我们就打印出结果（第 105 行到第 109 行）。这段代码展示了 Forth 语言中"无限循环"（即一直运行，直到条件为真才停止）的风格细节。在本示例中，我们想要遍历存放单词和词频的字典变量，直到 25 次迭代为止。因此，我们执行以下操作。首先，将数字 0 压入栈中（第 102 行），在已经存在的数据（词频）之上，然后进行无限循环，直到栈顶部达到数字 25。在每次迭代中，我们将栈中的计数弹出到一个变量中（第 106 行），将下一个单词和词频从栈中弹出并打印出来（第 107 行）。然后，将变量中的计数压回栈，再压入值 1，将它们相加，从而有效地递增计数。当栈顶部的值为 25 时，循环和程序终止。第二个终止子句（`len(stack) > 1`）用于可能甚至没有 25 个单词的小型测试文件。

还有许多选项可以采用，我们鼓励读者探索这种风格的各种解决方案。

2.4　历史记录

早期的计算机没有栈。最早可参考的在计算机中使用栈的想法的资料可以在 1945 年艾伦·图灵的"自动计算引擎（ACE）"报告中找到。不幸的是，该报告多年来一直处于机密状态，因此没有多少人知道它。

栈是在 20 世纪 50 年代后期由几个人各自发明的。又过去了好几年，计算机架构才开始包含栈，并将它们用于子程序调用等目的。

Forth 语言曾是一位计算机领域特立独行者的个人项目，且从未引起当时主流商家的注意。Forth 语言完全由软件实现，并且自 1958 年以来，已由 Moore 移植到几代不同的计算机上。考虑到 Moore 在 20 世纪 50 年代后期才开始使用它，以及 Forth 语言是一个堆栈机器解释器这一事实，因此它与堆栈机器历史息息相关。

另一种著名的基于堆栈机器的语言是 PostScript，它是一种用于描述打印文档的语言。PostScript 由 John Warnock 等人于 20 世纪 70 年代后期在 Xerox PARC 开发，它基于 John Warnock 早期设计的另一种编程语言。Warnock 团队最终离开了 PARC，并创办了 Adobe Systems 公司。

2.5　延伸阅读

Koopman, P. (1989). *Stack Computers: The New Wave*. Ellis Horwood Publisher.

概要：堆栈机器简介，它没那么新潮，但仍值得关注。

Rather, E., Colburn, D. and Moore, C. (1993). The evolution of Forth. *ACM SIGPLAN Notices* 28(3) – HOPL II, pp. 177–199.

概要：Charles Moore 是计算机界的特立独行者，每个人都应该知道他的作品。本文讲述了 Forth 的故事。

Warnock, J. E. (2012). Simple ideas that changed printing and publishing. *Proceedings of the American Philosophical Society* 156(4): 363–378.

概要：从历史视角看 PostScript，它是一种用于打印文档的堆栈机器语言。

2.6 词汇表

❑ **栈**：栈是一种后进先出的数据结构。栈最主要的操作是：push（压入）——将元素添加到栈顶部；pop（弹出）——从栈顶部移出元素。栈在包括 Forth 在内的编程语言的实现中起着至关重要的作用。尽管通常不被程序员所看到，但在几乎每一种现代编程语言中，栈都是支撑程序中某一个线程执行的一小块内存。当过程/函数被调用时，通常会将与参数和返回地址相关的数据块压入栈，随后其他的过程/函数调用也会将其他类似的块压入栈。当返回时，通常会弹出栈上的相应块。

❑ **堆**：堆是许多现代编程语言实现的另一块内存。堆主要用于动态内存分配/释放，例如创建列表和对象（不要与称为 Heap 的数据结构混淆，那是一种专门的基于树的数据结构）。

❑ **堆栈机器**：堆栈机器（stack machine）是一种真实的或模拟的计算机，它使用栈而不是寄存器来协助评估程序表达式。Forth 就是一种堆栈机器编程语言。许多现代虚拟机也是如此，例如 Java 虚拟机。

2.7 练习

1. 用另一种语言实现示例程序，但风格不变。

2. 在示例程序中，第 78 行的比较功能没有遵循 Forth 编程语言的风格，而是使用了 Python 语言高级的包含检查功能 if x in y。重写这部分程序，即在堆上存放的字典变量中查找是否存在给定的单词，并且使用 Forth 语言的编程风格。解释该搜索实现方式对程序的性能有何影响。

3. Python 语言是通过列表来实现栈的，这让示例程序有些令人困惑。用 Python 语言实现一个真正的栈数据结构（很可能是通过包装列表），使该数据结构具备真正的栈操作：push、pop、peek 和 empty 等。修改示例程序，用自定义的数据结构替代第 7 行定义的列表。

4. 使用 Forth 风格编写"导言"中提出的任务之一。

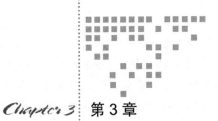

Chapter 3 第 3 章

数组风格

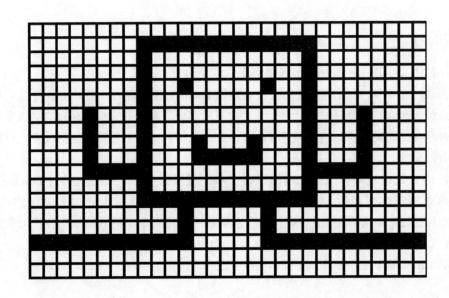

3.1 约束条件

- ❑ 主要数据类型：数组——固定大小的元素集合。
- ❑ 没有显式的迭代，相反，数组由高级声明性操作访问。
- ❑ 计算被展开为针对固定大小数据的搜索、选择和转换。

3.2 此编程风格的程序

```
 1  import sys, string
 2  import numpy as np
 3
 4  # Example input: "Hello  World!"
 5  characters = np.array([' ']+list(open(sys.argv[1]).read()))+[' '])
 6  # Result: array([' ', 'H', 'e', 'l', 'l', 'o', ' ', ' ',
 7  #                'W', 'o', 'r', 'l', 'd', '!', ' '], dtype='<U1')
 8
 9  # Normalize
10  characters[~np.char.isalpha(characters)] = ' '
11  characters = np.char.lower(characters)
12  # Result: array([' ', 'h', 'e', 'l', 'l', 'o', ' ', ' ',
13  #                'w', 'o', 'r', 'l', 'd', ' ', ' '], dtype='<U1')
14
15  ### Split the words by finding the indices of spaces
16  sp = np.where(characters == ' ')
17  # Result: (array([ 0, 6, 7, 13, 14], dtype=int64),)
18  # A little trick: let's double each index, and then take pairs
19  sp2 = np.repeat(sp, 2)
20  # Result: array([ 0, 0, 6, 6, 7, 7, 13, 13, 14, 14], dtype=int64)
21  # Get the pairs as a 2D matrix, skip the first and the last
22  w_ranges = np.reshape(sp2[1:-1], (-1, 2))
23  # Result: array([[ 0,  6],
24  #                [ 6,  7],
25  #                [ 7, 13],
26  #                [13, 14]], dtype=int64)
27  # Remove the indexing to the spaces themselves
28  w_ranges = w_ranges[np.where(w_ranges[:, 1] - w_ranges[:, 0] > 2)]
29  # Result: array([[ 0,  6],
30  #                [ 7, 13]], dtype=int64)
31
32  # Voila! Words are in between spaces, given as pairs of indices
33  words = list(map(lambda r: characters[r[0]:r[1]], w_ranges))
34  # Result: [array([' ', 'h', 'e', 'l', 'l', 'o'], dtype='<U1'),
35  #          array([' ', 'w', 'o', 'r', 'l', 'd'], dtype='<U1')]
36  # Let's recode the characters as strings
37  swords = np.array(list(map(lambda w: ''.join(w).strip(), words)))
38  # Result: array(['hello', 'world'], dtype='<U5')
39
40  # Next, let's remove stop words
41  stop_words = np.array(list(set(open('../stop_words.txt').read().
         split(','))))
42  ns_words = swords[~np.isin(swords, stop_words)]
43
44  ### Finally, count the word occurrences
45  uniq, counts = np.unique(ns_words, axis=0, return_counts=True)
46  wf_sorted = sorted(zip(uniq, counts), key=lambda t: t[1], reverse=
         True)
47
48  for w, c in wf_sorted[:25]:
49      print(w, '-', c)
```

3.3　评注

此风格最明显的元素是数组：一个固定大小的元素集合。所有数据都存放在数组中，这些数组的大小是固定的，且必须是确定的。数组可以有一个或多个维度。一维数组称为向量，而 N 维数组称为 N 维矩阵。当数据数量小于数组中分配的插槽时，通常会在数组末尾用一些类似零的值填充。

当然，数组是每个程序员都非常熟悉的数据结构。但是仅仅使用数组并不构成数组风格的编程，事实上，远非如此。此风格第二个更重要的约束是：没有显式的迭代遍历。不像在命令式编程语言中那样显式地遍历数组中的每个元素，而是使用应用于整个数组的、高级声明性操作来访问（每个）数组元素。针对数组的操作通过高级（编程语言中的）数学抽象隐藏了底层的实现细节，这使这些操作非常适合高度并发的实现，例如被图形处理器（Graphical Processing Unit，GPU）所支持的那些。

例如，考虑以下用命令式伪代码编写的代码片段：

```
1  String[] cars = {'Volvo', 'BMW', 'Ford', 'Mazda'}
2  for (i = 0; i < cars.length; i++) {
3      cars[i] = cars[i].toLowerCase();
4  }
5  List<String> ocars = new List<String>();
6  for (int i = 0; i < cars.length; i++) {
7    if (cars[i].conatains('o'))
8        ocars.append(cars[i])
9  }
```

此代码片段使用数组来放置数据（cars），但它不是用数组编程风格编写的。然而，以下代码则使用了数组编程风格：

```
1  String[] cars = {'Volvo', 'BMW', 'Ford', 'Mazda'}
2  cars = ToLowerCase(cars);
3  ocars = Where(cars.contains('o'))
```

前一个代码片段使用显式的迭代遍历，而后者则使用针对数组的高级声明性操作。如果没有这些操作，我们可能使用了数组，但并没有使用数组编程风格。

在 Python 语言中，数据集合通常被存放在可变大小的列表、元组或字典中。Python 语言还通过 array 模块支持数组，但是，这些数组仅仅是基本的数据结构，并不支持数组风格的编程。Python 语言缺乏对高级数组操作的支持，这使得它的某些应用程序，尤其是科学计算方面的应用程序，非常有限。而第三方库填补了这一空白。此类库中最流行的是 numpy 库，它不仅支持数组，还支持强大的数组操作。示例程序使用 numpy 库。我们来详细分析一下。

在高级的编程语言层面，通过数组风格的编程解决词频问题意味着将所有文本数据放在一个数组中，然后通过执行一些数组操作得到单词和它们的频率。在此实现中，我们从第 5 行的原始数据（字符数组）开始。为了简化某些操作，数组的第一个和最后一个位置都空白。第10行和第11行展示了numpy库中可用的第一个高级数组操作。通过这些高级数组操作将所有非字母、非数字字符替换为空格，将所有字符转换为小写等，以规范字符数组。这些高级搜索和替换操作的具体实现，可能会在多方面被优化，以便于被并行处理，但这些优化对我们不可见。

接着，我们需要标记字符串，即我们需要识别字符数组中的（每个）单词。为了忠实于数组编程风格，这需要我们用一种不同的方式来思考问题——这种方式不同于在使用其他数据结构时的方式。这里，我们采用的方法如下：找到空格的索引，单词就是两个索引之间的字符序列。我们希望得到一个二维矩阵，其中每一行都是一对开始、结束索引。为了实现这种方法，第16行寻找空格的索引，第19行复制每个索引，为构建二维矩阵做准备，第22行中的操作reshape将复制的索引的向量转换为二维矩阵，最后，第28行只选择结束索引和开始索引之间差值大于2的行，这意味着该单词至少有两个字符。在程序那部分的末尾，在第28行，w_ranges包含所有单词的开始、结束索引对。

在程序的这一点上，我们打破了数组编程风格，生成了一个可变大小的单词列表（第33行）。这是因为我们无法预测有多少个单词，所以不能使用数组（除非假设数组具有默认的最大值）。第33行中列表words仍然是一个numpy字符数组。但是，从这里开始，我们要对单词而不是字符进行操作。因此，在第37行，我们创建了一个新的numpy数组，这次使用的是字符串元素（单词），而不是字符元素。第41行将停用词加载到字符串数组中，第42行使用强大的数组操作选择存在于swords数组中、但不在停用词数组stop_words中的单词。

最后，在第45行，使用另一个强大的数组操作来返回单词及其频率。第46行的排序操作以传统的非数组编程风格来完成。

为了便于读者理解数组操作的含义，示例程序中夹杂着运行输入数据示例的注释。因此，该程序看起来比实际要长。如果没有注释，示例程序将非常简洁：

```
1  import sys, string
2  import numpy as np
3
4  # Split characters into words
5  characters = np.array([' ']+list(open(sys.argv[1]).read())+[' '])
6  characters[~np.char.isalpha(characters)] = ' '
7  characters = np.char.lower(characters)
8  sp = np.where(characters == ' ')
9  sp2 = np.repeat(sp, 2)
10 w_ranges = np.reshape(sp2[1:-1], (-1, 2))
11 w_ranges = w_ranges[np.where(w_ranges[:, 1] - w_ranges[:, 0] > 2)]
12 words = list(map(lambda r: characters[r[0]:r[1]], w_ranges))
13 swords = np.array(list(map(lambda w: ''.join(w).strip(), words)))
14
15 # Next, let's remove stop words
16 stop_words = np.array(list(set(open('../stop_words.txt').read().
       split(','))))
17 ns_words = swords[~np.isin(swords, stop_words)]
18
```

```
19  # Finally, count the word occurrences
20  uniq, counts = np.unique(ns_words, axis=0, return_counts=True)
21  wf_sorted = sorted(zip(uniq, counts), key=lambda t: t[1], reverse=
        True)
22
23  for w, c in wf_sorted[:25]:
24      print(w, '-', c)
```

通常，以数组编程风格编写的数据密集型程序往往小巧而简洁，一旦我们熟悉了数组操作，这类程序就很容易阅读。

3.4　系统设计中的此编程风格

数组编程本质上是一组来自数学的意图表达思想。然而，其中一些思想已经超出了数学应用范围。对于初学者来说，用于选择、搜索和更新元素的强大数组操作已能够帮助他们获得（基本的）关系数据库查询语言的（知识）。此外，数组编程曾一度被认为是工程应用的小众领域，但目前正在 TensorFlow 等现代机器学习框架中卷土重来。本书的第十部分涵盖了这些新的发展。

3.5　历史记录

数组编程是高级编程中最古老的思想之一。计算机最初是为科学和工程计算而发明的。在科学和工程领域，线性代数占主导地位。出于这个原因，多维矩阵和对它们的操作的概念，可能是使人们想要将计算机语言提升为适应数学而不是汇编符号的语言。由 APL 编程语言的设计者 Kenneth Iverson 撰写、于 1962 年出版的 *A Programming Language*，首次记录了这种编程风格的概念。APL 语言是 IBM 公司在 20 世纪 60 年代实现的一种重要且有影响力的数组编程语言，尽管它也是其自身晦涩符号的牺牲品。它描述数组操作的简洁性在当时是无与伦比的。"APL 单行程序"——用一行 APL 代码编写一段复杂程序的能力——在某种程度上成了 APL 程序员们的一种流行爱好。

达特茅斯 BASIC 语言在 20 世纪 60 年代中期采用了简单的矩阵操作。在 20 世纪 70 年代，统计编程系统 S（R 语言的前身）建立在相同的思想之上。在 20 世纪 80 年代，MATLAB 作为科学和工程应用程序的现代编程环境出现。与 APL 一样，MATLAB 支持强大的数组操作，这些操作是数组编程风格的特征。在 21 世纪初期，numpy 库被添加到 Python 语言生态系统中。Julia 编程语言是支持向量化操作的一种现代编程语言。

3.6　延伸阅读

Iverson, K. (1962). *A Programming Language*. Wiley. http://www.

softwarepreservation.org/projects/apl

概要：APL 语言的基本原理和详细描述。

3.7 词汇表

- ❑ **数组**：固定大小的数据集合。通常，数组的元素都是同一类型的，但这不是必需的。例如，APL 语言支持包含不同类型元素的数组。
- ❑ **矩阵**：多维数组。
- ❑ **形状**：数组的维度。例如，3×2 矩阵的形状为 $(3, 2)$。
- ❑ **向量**：一维数组。
- ❑ **向量化**：将对数组元素的迭代抽象为对整个数组的操作。

3.8 练习

1. 用另一种数组编程语言（例如 MATLAB 或 Julia）实现示例程序。
2. 在第 33 行和紧接着的第 37 行中，我们打破了数组编程风格，从字符数组构造了一个单词列表，然后用这些单词创建了一个字符串数组。在不打破数组编程风格的前提下，重新实现程序的第二部分（从第 28 行开始）。也就是说，处理一个单词数组，该数组以二维字符数组的方式表达。
3. 使用这种风格编写"导言"中提出的任务之一。

第二部分 *Part 2*

基础风格

这一部分将介绍四种基础风格：单体风格、食谱风格、流水线风格和高尔夫风格。这些风格在编程中无处不在，因此它们是非常基本的。所有其他编程风格也都使用了这四种风格的元素。

单 体 风 格

4.1 约束条件

☐ 没有命名的抽象。
☐ 不使用或很少使用库。

4.2 此编程风格的程序

```python
#!/usr/bin/env python
import sys, string

# the global list of [word, frequency] pairs
word_freqs = []
```

```
6  # the list of stop words
7  with open('../stop_words.txt') as f:
8      stop_words = f.read().split(',')
9  stop_words.extend(list(string.ascii_lowercase))
10
11 # iterate through the file one line at a time
12 for line in open(sys.argv[1]):
13     start_char = None
14     i = 0
15     for c in line:
16         if start_char == None:
17             if c.isalnum():
18                 # We found the start of a word
19                 start_char = i
20         else:
21             if not c.isalnum():
22                 # We found the end of a word. Process it
23                 found = False
24                 word = line[start_char:i].lower()
25                 # Ignore stop words
26                 if word not in stop_words:
27                     pair_index = 0
28                     # Let's see if it already exists
29                     for pair in word_freqs:
30                         if word == pair[0]:
31                             pair[1] += 1
32                             found = True
33                             break
34                         pair_index += 1
35                     if not found:
36                         word_freqs.append([word, 1])
37                     elif len(word_freqs) > 1:
38                         # We may need to reorder
39                         for n in reversed(range(pair_index)):
40                             if word_freqs[pair_index][1] >
                                 word_freqs[n][1]:
41                                 # swap
42                                 word_freqs[n], word_freqs[
                                     pair_index] = word_freqs[
                                     pair_index], word_freqs[n]
43                                 pair_index = n
44                 # Let's reset
45                 start_char = None
46         i += 1
47
48 for tf in word_freqs[0:25]:
49     print(tf[0], '-', tf[1])
```

4.3 评注

在此编程风格中,即使我们能使用具有强大的库函数的现代高级编程语言,但问题几乎仍旧以"往日的美好"风格解决:一段代码从头到尾不使用新的抽象,也不使用现有库函数中已有的功能。从设计的角度来看,主要的关注点都在如何获得期望的输出结果,没有考虑如何分解问题,以及如何利用已有的代码。鉴于整个问题是一个单一的概念单元,编程任务包括：定义数据和控制该程序的控制流。

示例程序的工作原理如下。它包含一个全局列表变量 word_freqs（第 5 行），用于保存单词和与之相对应的词频。该程序首先从文件中读取停用词存放到列表，然后对它进行扩展以包含单个字母的单词，例如 a（第 7 ～ 9 行）。然后程序进入一个长循环（第 12 ～ 46 行），逐行遍历输入文件。在该循环内，还有第二个嵌套循环（第 15 ～ 45 行），它遍历每一行的每个字符。在第二个嵌套循环中，要解决的问题是检测单词的开头（第 17 ～ 19 行）和结尾（第 21 ～ 43 行），增加每个检测到的非停用词的单词的频率计数（第 26 ～ 43 行）。对于之前没有出现过的单词，将新的单词、词频对添加到词频列表 word_freqs 中，其频率计数为 1（第 35 ～ 36 行）；对于已经出现过的单词（第 29 ～ 34 行），只需递增计数（第 31 行）。由于我们想按词频降序打印出单词和对应词频，因此该程序进一步确保词频列表始终按频率降序排列（第 39 ～ 43 行）。最后（第 48、49 行），程序只需简单地输出词频列表的前 25 个条目即可。请注意，从 Python 语言的标准库中导入的只有 sys 和 string（第 2 行）。

在计算机编程的早期，人们使用的是低级编程语言，编写的程序也相对较小，并且也只有这一种风格。诸如 goto 之类的结构提供了有关控制流的进一步表达能力，但也因此产生了冗长的"意大利面条式的代码"。这种结构被认为对除最简单程序以外的所有程序的开发都是有害的，并且在大多数情况下现代编程语言中都没有这种结构。但是 goto 语句并不是产生单体风格程序的根本原因，如果恰当地使用 goto 语句，同样可以编写出漂亮的程序。从维护的角度来看，潜在的坏处是存在长程序段，并且这些程序段无法为读者提供关于该程序段的功能的更高级的抽象。

使用任何编程语言都可以编写单体风格的程序，如示例程序所示。事实上，在现代程序中看到长程序段的情况并不罕见。在某些情况下，出于性能原因或因为无法轻易分解（拆解）正在编码的任务，这些长程序段是有必要的。然而，在多数情况下，这可能是程序员没有花时间仔细思考计算任务的结果。单体程序通常很难理解，就如同没有分章节的手册一样难以理解。

圈复杂度是一种度量标准，用于衡量程序的复杂性，特别是控制流路径的数量。根据经验，一段程序的圈复杂度越高，难以理解的可能性就越大。计算圈复杂度 CC 时将程序视为有向图，它由以下公式给出：

$$CC = E - N + 2P$$

其中，E 指边的数量，N 指顶点的数量，P 指出口节点的数量。

例如，考虑以下程序文本：

```
1  x = raw_input()
2  if (x > 0):
3      print ''Positive''
4  else:
5      print ''Negative''
```

本段代码的有向图如下（节点号对应行号）：

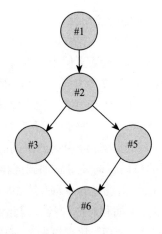

该段程序代码的圈复杂度为：
$$CC = E - N + 2P = 5 - 5 + 2 = 2$$

圈复杂度与测量自然语言文本可读性的指标具有相同的意图，例如 Flesch 阅读容易程度测试和 Flesch-Kincaid 阅读级别水平测试。这些指标试图将风格概括为一个数字，并获得一些心理学证据来表示写作风格对人们理解文本的难度。显然，写程序和写文学作品是不一样的。但是，当谈到理解全部写作内容时，它们有很多相似之处。在某些情况下，可能需要长程序代码来向读者阐明编程任务的内在复杂性。但是，更多时候可能没有必要。

4.4 系统设计中的此编程风格

在系统层面，单体系统体现为拥有单一的大型组件，可以完成应用程序需要做的所有事情。这与将系统分解为不同的子模块组件，而每个子模块组件负责特定的功能的风格形成了鲜明对比。

这种风格在所有层面上都被认为是不好的做法。但是，单体程序却很常见。识别单体程序并尝试理解导致它们的原因很重要。

4.5 延伸阅读

Dijkstra, E. (1968). Go To statement considered harmful. *Communications of the ACM* 11(3): 147–148.

概要：Dijkstra 强烈反对 GOTO。一篇经典论文。

Knuth, D. (1974). Structured programming with go to statements. *ACM Computing Surveys* 6(4): 265–301.

概要：Dijkstra 对 GOTO 语句最好的反驳。

McCabe, T. (1976). A complexity measure. *IEEE Transactions on Software Engineering* SE-2(4): 308–320.

概要：基于图形的 FORTRAN 程序的复杂性度量。首次尝试量化各种程序设计决策的认知负荷。

4.6 词汇表

- ❑ **控制流**：执行程序语句和计算程序表达式的顺序。包括条件、迭代、函数调用、返回等语句的顺序。
- ❑ **圈复杂度**：一种软件指标，测量程序源代码中线性、独立执行路径的数量。

4.7 练习

1. 用另一种语言实现示例程序，但风格不变。
2. 示例程序每次从文件中读取一行。修改它，使其一次将整个文件加载到内存中（通过 `readlines()` 函数），然后遍历内存中的每一行。如果使用这种方式，是更好还是更坏？为什么？
3. 在第 37 ～ 42 行，示例程序可能在每次检测到单词时重新排序词频列表，以便它始终按词频值递减排序。在保持单体风格的前提下，修改程序，将重新排序的工作安排在位于程序最后的单独循环中，并在此之后，再在屏幕上打印单词频率。这样做的利弊是什么？
4. 示例程序的圈复杂度是多少？
5. 使用这种风格编写"导言"中提出的任务之一。

Chapter 3 第 5 章

食谱风格

5.1　约束条件

- □（代码中）没有长跳跃。
- □ 通过过程抽象将大问题分解为（多个）较小的部分，从而降低控制流的复杂性。过程是功能片段，可以接受输入，但不一定产生与问题相关的输出。
- □ 过程可以通过全局变量的方式共享状态。
- □ 通过调用一个又一个的过程（对共享状态进行增、改等）来最终解决更大的问题。

5.2　此编程风格的程序

```python
1  #!/usr/bin/env python
2  import sys, string
```

```
 3
 4  # The shared mutable data
 5  data = []
 6  words = []
 7  word_freqs = []
 8
 9  #
10  # The procedures
11  #
12  def read_file(path_to_file):
13      """
14      Takes a path to a file and assigns the entire
15      contents of the file to the global variable data
16      """
17      global data
18      with open(path_to_file) as f:
19          data = data + list(f.read())
20
21  def filter_chars_and_normalize():
22      """
23      Replaces all nonalphanumeric chars in data with white space
24      """
25      global data
26      for i in range(len(data)):
27          if not data[i].isalnum():
28              data[i] = ' '
29          else:
30              data[i] = data[i].lower()
31
32  def scan():
33      """
34      Scans data for words, filling the global variable words
35      """
36      global data
37      global words
38      data_str = ''.join(data)
39      words = words + data_str.split()
40
41  def remove_stop_words():
42      global words
43      with open('../stop_words.txt') as f:
44          stop_words = f.read().split(',')
45      # add single-letter words
46      stop_words.extend(list(string.ascii_lowercase))
47      indexes = []
48      for i in range(len(words)):
49          if words[i] in stop_words:
50              indexes.append(i)
51      for i in reversed(indexes):
52          words.pop(i)
53
54  def frequencies():
55      """
56      Creates a list of pairs associating
57      words with frequencies
58      """
59      global words
60      global word_freqs
61      for w in words:
```

```
62          keys = [wd[0] for wd in word_freqs]
63          if w in keys:
64              word_freqs[keys.index(w)][1] += 1
65          else:
66              word_freqs.append([w, 1])
67
68  def sort():
69      """
70      Sorts word_freqs by frequency
71      """
72      global word_freqs
73      word_freqs.sort(key=lambda x: x[1], reverse=True)
74
75
76  #
77  # The main function
78  #
79  read_file(sys.argv[1])
80  filter_chars_and_normalize()
81  scan()
82  remove_stop_words()
83  frequencies()
84  sort()
85
86  for tf in word_freqs[0:25]:
87      print(tf[0], '-', tf[1])
```

5.3 评注

在此编程风格中，较大的问题被拆解为子单元，也就是过程。每个子单元负责处理一件事。在这种风格中，过程之间常常共享数据，以此来实现最终目标。此外，状态的改变可能取决于变量的先前值。据说这些过程对数据有副作用。计算按照以下方式进行：一个过程处理（数据）池中的一些数据，并为下一个过程准备数据。过程不返回数据，相反，它们只操作共享的数据。

示例程序实现如下。声明一个共享数据池（第 5 ～ 7 行）：第一个变量 data 保存输入文件的内容；第二个变量 words 保存从 data 中提取的单词；第三个变量 word_freqs 包含单词 - 词频对。三个变量都被初始化为空列表。此数据由一组过程共享（第 12 ～ 75 行），每个过程负责完成特定任务：

❑ read_file(path_to_file) 过程（第 12 ～ 19 行）接受文件路径，并将该文件的全部内容与全局变量 data 的当前值关联起来。

❑ filter_chars_and_normalize() 过程（第 21 ～ 30 行）用空格替换 data 中的所有非字母、非数字字符。更换就地完成。

❑ scan() 过程（第 32 ～ 39 行）使用内置函数 split 扫描 data 中的单词，并将它们添加到全局变量 words 中。

❑ remove_stop_words() 过程（第 41 ～ 52 行）首先从文件中加载停用词列表，并附加单字母单词（第 44 ～ 46 行）；然后，遍历 words 列表并从中删除所有停用词。此过程通过如下方式实现：首先，记录 words 列表中停用词位置的索引；然后，调用内置函数 pop 从 words 列表中删除这些停用词。

❑ frequencies() 过程（第 54 ～ 66 行）遍历 words 列表，并创建一个单词、词频对的列表。

❑ sort() 过程（第 68 ～ 73 行）将变量 word_freqs 的内容按照词频降序排列。此过程通过调用内置函数 sort 来实现，而 sort 函数能够接受一个带有 2 个输入参数的匿名函数，在本例中，word_freqs 列表中每对单词、词频的第二个元素（索引为 1）正好作为其中一个输入参数。

主程序从第 79 行到最后。这段程序是这种食谱风格特征最明显的地方。较大的问题被整齐地分解为（多个）较小的子问题，每个子问题都由一个单独的命名过程（named procedure）处理。主程序的工作包括发出一系列命令来调用相关的每个子程序，这就像按照食谱一步步烹饪一样。从另一个角度看，每一个过程都会改变共享变量的状态⊖，就像我们按照食谱烹饪时改变配料的状态一样。

随着时间而改变状态（即状态可变）的后果是，调用过程可能不是幂等的。也就是说，调用同一个过程两次可能会导致完全不同的状态，以及完全不同的程序输出。例如，如果调用过程 read_file(path_to_file) 两次，由于第 19 行代码（变量）赋值的累积性质，最终 data 变量中出现重复的数据。幂等函数或幂等过程是指那些无论被调用一次还是多次，都将得到完全相同的可观察效果的函数或过程。缺乏幂等性（在某些时候）被许多人视为程序代码错误的根源。

5.4 系统设计中的此编程风格

这种编程风格非常适合实现外部数据随着时间的推移会发生变化，而程序的行为又依赖于这些外部数据的计算任务，例如人机交互场景，在不同的时间点，程序提示用户输入不同类型的信息，稍后用户本人又可能修改这些输入信息，而程序的输出结果依赖于用户输入的所有数据。对于人机交互场景，保存状态并且随着时间的流逝而改变状态是自然而然的。

后面的章节将提到的一个问题是共享状态的颗粒度。在示例程序中，变量是全局变量，它们被全部的过程所共享。长期以来，在除了短程序之外的所有其他程序中，使用全局变量都被认为是一个坏主意。本书中讨论的许多其他编程风格中，过程之间共享变量的作用域都小得多。

事实上，多年来，为了限制某些特别的编码习惯带来的副作用，人们进行了许多有意思的规范编程风格的相关工作。

⊖ 这种变量称为可变变量。——译者注

在系统层面，食谱风格的架构在实践中被广泛使用。这种风格的主要特征是组件共享和更改外部数据状态，例如存储在数据库中的数据的状态。

5.5 历史记录

20 世纪 60 年代，更多更大型的程序被不断地开发出来，这也挑战了当时的编程技术。当时，人们面临的主要挑战之一是如何让编写者以外的其他人理解程序。虽然，编程语言变得越来越有特色，但它们并不一定会放弃旧的构件。同一种功能的程序可以通过许多不同的方式来实现。20 世纪 60 年代后期，从"让程序更容易被人理解"的角度，一场关于编程语言的哪些特性"好"、哪些特性"坏"的辩论开始了。由 Dijkstra 领导的这场辩论提倡：限制使用一些被认为有害的语言特性，例如 GOTO，并呼吁使用更高级别的迭代结构（例如while 循环）、过程（或称为"子程序"）和适当的模块化代码。并非所有人都认同 Dijkstra 的观点，但他的观点的确占了上风。这催生了结构化编程——本章中展示的这种风格，它与第 4 章中的非结构化编程或单体编程相对立。

5.6 延伸阅读

Dijkstra, E. (1970). *Notes on Structured Programming.* Available from
http://www.cs.utexas.edu/users/EWD/ewd02xx/EWD249.PDF

概要：Dijkstra 是结构化编程最直言不讳的倡导者之一。这些笔记列出了 Dijkstra 对一般编程的一些想法。这是一篇经典文章。

Wulf, W. and Shaw, M. (1973). Global variable considered harmful. *SIGPLAN Notices* 8(2): 28–34.

概要：关于构建程序的更多意见。正如标题所说，本文反对全局变量：不仅一般的结构化编程反对，结构良好的编程也反对。

5.7 词汇表

❑ **幂等性**：如果函数或过程被多次调用和一次调用时有完全相同的可观察的结果，它就是幂等的。

❑ **可变变量**：变量被赋予的值随着时间的变化能够改变。

❑ **过程**：过程是程序的子程序。它可能有也可能没有输入参数；可能有也可能没有返回值。

❑ **副作用**：副作用是程序可观察的部分变化。副作用包括写入（外部）文件或屏幕、读取输入（参数等）、更改可观察变量的值、引发异常等。程序通过副作用与外界交互。

5.8 练习

1. 用另一种语言实现示例程序，但风格不变。
2. 修改示例程序：去掉全局变量，但仍然以命令式风格为主，各过程基本保持不变。
3. 在示例程序中，哪些过程是幂等过程，哪些不是?
4. 尽可能少地修改示例程序，但要使所有过程都变成幂等过程。
5. 采用食谱风格编写一个不同的程序。它的功能与示例程序的完全相同，但采用不同的过程。
6. 使用食谱风格编写"导言"中提出的任务之一。

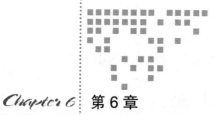

Chapter 6 第 6 章

流水线风格

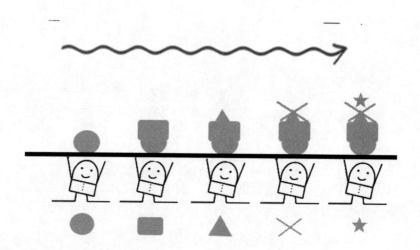

6.1 约束条件

❑ 较大的问题使用函数抽象进行分解。函数接受输入并产生输出。

❑ 函数之间不共享状态。

❑ 通过调用一个又一个的函数，形成函数流水线（pipeline）[一]来解决较大的问题。函数流水线是数学中函数组合 $f \circ g$ 的忠实再现。

───────────

[一] 前一个函数的输出作为后一个函数的输入。——译者注

6.2　此编程风格的程序

```python
#!/usr/bin/env python
import sys, re, operator, string

#
# The functions
#
def read_file(path_to_file):
    """
    Takes a path to a file and returns the entire
    contents of the file as a string
    """
    with open(path_to_file) as f:
        data = f.read()
    return data

def filter_chars_and_normalize(str_data):
    """
    Takes a string and returns a copy with all nonalphanumeric
    chars replaced by white space
    """
    pattern = re.compile('[\W_]+')
    return pattern.sub(' ', str_data).lower()

def scan(str_data):
    """
    Takes a string and scans for words, returning
    a list of words.
    """
    return str_data.split()

def remove_stop_words(word_list):
    """
    Takes a list of words and returns a copy with all stop
    words removed
    """
    with open('../stop_words.txt') as f:
        stop_words = f.read().split(',')
    # add single-letter words
    stop_words.extend(list(string.ascii_lowercase))
    return [w for w in word_list if not w in stop_words]

def frequencies(word_list):
    """
    Takes a list of words and returns a dictionary associating
    words with frequencies of occurrence
    """
    word_freqs = {}
    for w in word_list:
        if w in word_freqs:
            word_freqs[w] += 1
        else:
            word_freqs[w] = 1
    return word_freqs

def sort(word_freq):
```

```
56        """
57        Takes a dictionary of words and their frequencies
58        and returns a list of pairs where the entries are
59        sorted by frequency
60        """
61        return sorted(word_freq.items(), key=operator.itemgetter(1),
              reverse=True)
62
63  def print_all(word_freqs):
64        """
65        Takes a list of pairs where the entries are sorted by
              frequency and print them recursively.
66        """
67        if(len(word_freqs) > 0):
68            print(word_freqs[0][0], '-', word_freqs[0][1])
69            print_all(word_freqs[1:]);
70
71  #
72  # The main function
73  #
74  print_all(sort(frequencies(remove_stop_words(scan(
        filter_chars_and_normalize(read_file(sys.argv[1])))))))[0:25])
```

6.3 评注

　　流水线风格模拟了工厂流水线模型，其中每个站点（盒子）对流经它的数据执行一项特定任务。根据其形式，流水线风格是数学函数理论的忠实反映，其中站点即函数，它接受输入并产生输出。在数学中，函数是一种关系，它将某个域中的一组输入映射到同一域或另一个域中的一组输出，其中每个输入仅与一个输出相关，例如，$f(x)=x^2$ 是一个将实数映射到非负实数的函数，因此当值 x 作为输入时，值 x^2 作为输出给出。就像在工厂流水线中一样，函数可以使用 $f \circ g$（f 在 g 之后）的形式相互组合，只要第二个函数 g 的输出域与第一个函数 f 的输入域相同或者包含在第一个函数 f 的输入域中即可。函数的输入和输出可以是任何东西，包括其他函数。将函数作为输入或以函数作为输出结果的函数称为高阶函数。

　　流水线编程风格试图将所有事物都视为将一组输入映射到一组输出的关系，以此来实现这种纯数学概念。这个约束非常强：在纯流水线风格中，盒装函数之外的世界不存在，除了开始时的输入源以及结束时的接收者。程序需要表达为盒装函数和函数组合。不幸的是，我们的词频程序需要从文件中读取数据，所以它不是完全的纯数学概念。但我们尝试将它作为纯数学概念。第 25 章将探讨如何将不纯操作与纯粹的数学计算隔离开来。

　　我们来分析一下示例程序。与食谱风格类似，词频问题在这里被分解为更小的问题，每个子问题对应一个特定的计算任务。本章示例程序的分解在所有方面都与食谱风格示例的分解相同——都使用具有相同名称的相同过程。但是，这些过程现在有一个特殊的属性：它们都有一个输入参数并返回一个值。例如，read_file（第 7 ～ 14 行）接收一个字符串（文件名）作为输入，并返回该文件的内容作为输出。filter_chars_and_normalize（第

16～22行）接收一个字符串作为输入并返回该字符串的副本，该副本中所有非字母、非数字字符都被空格替换并规范为小写等。这些过程现在是接受输入值并产生输出值的函数了。函数之外没有状态。

将此与食谱风格的程序进行对比，食谱风格的程序的过程不接受任何输入，不返回任何内容，只对共享状态进行更改。还要注意，这些函数具有幂等性，而食谱风格下的过程则没有。幂等性意味着多次调用此类函数与只调用函数一次，都会产生完全相同的可观察效果：这些函数没有副作用，对于给定的输入始终产生相同的输出。例如，使用输入 "hello world" 调用 scan 会产生 ['hello', 'world']，无论调用多少次，无论何时调用。

主程序（从第74行开始）也展示了这种风格：我们现在有一系列盒装函数，而不是一系列步骤。在这一系列的函数中，一个函数的输出直接作为下一个函数的输入。在数学中，函数组合中输入方向是从右到左，这意味着晚执行的函数在文本上位于早执行的函数的左边（$f \circ g$ 中 f 在 g 后面执行），所以这种风格的程序让那些不习惯数学或从右到左的语言的人有点不习惯。在这种情况下，程序读起来就像"sort 在 frequencies 之后执行，frequencies 在 remove_stop_words 之后执行……"或者"先 read_file，接着 filter_chars_and_normalize……"（从右到左）。

在示例程序中，所有函数都有一个输入参数，但一般来说，函数可以有多个输入参数。然而，每个多输入参数的函数都可以使用一种称为柯里化（currying）的技术转换为一系列单值高阶函数。例如，考虑以下有三个输入参数的函数：

```
def f(x, y, z):
    return x * y + z
```

它可以被这样调用：

```
>>> f(2, 3, 4)
10
```

该函数可以被转化为如下高阶函数：

```
def f(x):
    def g(y):
      def h(z):
          return x * y + z
      return h
    return g
```

它可以被这样调用：

```
>>> f(2)(3)(4)
10
```

6.4 系统设计中的此编程风格

尽管很难找到组件不以任何形式保存和更改状态的系统，但流水线风格的影响在计算

机系统工程中无处不在。这个想法最古老且最著名的应用之一是 UNIX shell 的管道（pipe），它可以使用字符"|"将一个命令的输出与下一个命令的输入绑定在一起，从而将命令顺序连在一起，例如 ps -ax | grep http。管道链中的每个命令都是一个独立的单元，它接受输入并产生输出。我们的词频程序可以在 Linux shell 中以管道的形式优雅地表达为

```
grep -o ``[A-Za-z][A-Za-z][A-Za-z]*'' $1 \
    | tr '[:upper:]' '[:lower:]' \
    | grep -Ev ``^($(sed -e 's/,/|/g' ../stop_words.txt))$'' \
    | sort | uniq -c | sort -rn | head -25 \
    | sed -e 's/^ *\([0-9]*\) *\([a-z]*\)/\2  -  \1/'
```

第一行的 $1 代表这个 shell 脚本的一个参数，意在作为文件名。

众所周知，用于数据密集型应用程序的 MapReduce 框架也体现了流水线风格的约束。我们将在第 31 章中详细地介绍它。

流水线风格特别适用于自然界中可以建模为流水线的问题。图搜索、A* 等人工智能算法都属于这一类。编译器和其他语言处理器也很适合，因为它们往往由基于图和树结构的函数组成。

除了问题适用性之外，使用这种风格还有很好的软件工程原因，即为了单元测试和并发性。这种风格的程序很容易进行单元测试，因为它不会保存可测试的函数之外的任何状态，一次或多次或以不同的顺序运行测试总是会产生相同的结果。在命令式编程风格中，这种不变性不成立。同样，对于并发性，函数是计算的基本单位，它们彼此独立。因此，可以直接让它们分布在多个处理器上运行，而无须担心同步和共享状态问题。如果问题可以用流水线的方式恰当地表达出来，那么这样做可能是个好主意！

6.5 历史记录

在编程中，函数无处不在，虽然此编程风格中并未体现。函数是由不同的人在不同的场合下多次被发明的。工厂流水线的编程风格宗旨在于忠于数学，因此，它只在所有与函数相关的小众领域中蓬勃发展。

20 世纪 20 年代和 30 年代，人们在计算理论领域的大量投入成就了图灵，以及另一位数学家阿朗佐·丘奇（Alonzo Church），后者致力于将函数作为计算的基础。大约在图灵发表他的作品的同时，丘奇也展示了一种非常简单的演算，即只有三条规则的 λ 演算，它可以将任意输入转换为遵循特定关系的输出。有了这个，他发明了一种通用符号替换机，它与图灵机一样强大，但其概念方法却大不相同。几年后，图灵的计算模型被认为等同于丘奇的模型，这就是所谓克林的丘奇 - 图灵论题。但是，函数式编程直到几十年后才出现。

在计算机的正常发展过程中，函数又被"发明"了一次。它们最早出现在 20 世纪 50 年代，当时人们意识到在许多程序中，某些指令块需要在程序执行期间被执行多次。这导致了子程序（subroutine）概念的出现，很快所有编程语言都以某种方式支持了该概念。反

过来，子程序的概念也进入到了高级编程语言中，它们要么继续使用"子程序"名字，要么被叫作过程。过程能够在程序的任何位置被调用，并且在执行完毕后返回至调用者的上下文环境。从过程发展到函数，仅有的问题是，是否允许输入参数和输出值存在。例如，1958 年推出的第二版 FORTRAN 语言有 SUBROUTINE、FUNCTION、CALL 和 RETURN 构件。

但是，编程语言支持函数并使用函数来编写程序，并不等同于以流水线函数风格来编程。如前所述，流水线编程风格是一种强约束风格，旨在保持数学函数的纯粹性。严格来说，FORTRAN、C 或 Python 语言中的"函数"虽然实现了输入（值）和输出（值）之间的某种关系，但是因为能够影响（函数外部世界）可观察状态，所以不是数学意义上的函数，因此这不属于流水线编程风格。类似地，如果工厂流水线中一个负责计算经过它的单元数量的站点由于某些计数被别的站点处理了而停止工作，那么这将被认为是破坏了流水线模型的副作用。

这种编程风格出现在 20 世纪 60 年代的 LISP 语言使用背景下。LISP 语言被设计为计算机程序的数学符号，并深受丘奇的 λ 演算的影响。LISP 语言也因为其强大的函数式风格，与当时占主导地位的命令式编程语言形成鲜明对比。LISP 最终背离了 λ 演算的纯粹性，很快支持了允许变量和可变状态的构件。然而，它的影响是巨大的，尤其是在学术界，基于 LISP 语言引入的函数式编程风格，出现了一种新的编程语言设计工作。

如今，所有主流的编程语言都支持流水线编程风格（函数式编程风格）。对于流水线风格的纯粹版本，Haskell 语言处于领先地位。

6.6　延伸阅读

Backus, J. (1978). Can programming be liberated from the von Neumann style? A functional style and its algebra of programs. *Communications of the ACM* 21(8): 613–641.

概要：以巴克斯 – 诺尔范式（Backus-Naur Form，BNF）成名的 John Backus 抨击当时"复杂、笨重、无用"的主流编程语言并提倡纯函数式编程，激化了对编程语言的讨论。尽管存在两极分化的观点，但本文涉及编程语言设计中的重要问题。

Church, A. (1936). An unsolvable problem of elementary number theory. *American Journal of Mathematics* 58(2): 345–363.

概要：原始的 λ 演算。

McCarthy, J. (1960). Recursive functions of symbolic expressions and their computation by machine, Part I. *Communications of the ACM* 3(4): 184–195.

概要：描述 LISP 语言及其与 λ 演算的关系。

Stratchey, C. (1967). Fundamental concepts in programming languages. Lecture notes. Reprinted in 2000 in *Higher-Order and Symbolic Computation* 13: 11–49, 2000.

概要：Stratchey 通过对被粗心地、不一致地使用的概念和单词进行清晰的定义，开创了编程语言的语义学领域。这篇论文是他在 1967 年发表的演讲的总结。这篇论文涵盖了表达式和命令（语句）以及函数和例程（过程）之间的区别。Stratchey 认为副作用在编程中很重要，应有清晰的语义。在演讲期间，他正在参与对 CPL 的定义工作，CPL 是一门起步慢、消失得快的研究语言，但却是 C 语言的起源。

6.7　词汇表

- ❑ **柯里化**：柯里化是一种将有多个输入参数的函数转换为一系列只有一个输入参数的高阶函数的技术。
- ❑ **函数**：在数学中，函数是将输入映射到输出的关系。在编程中，函数是接收输入并产生输出的过程（procedure）。纯函数没有副作用，就像在数学中一样。非纯函数有副作用。
- ❑ **幂等性**：当函数或过程被调用一次和调用多次得到的可观察的效果是一样的时，它们就是幂等的。
- ❑ **副作用**：当一段代码能够修改现有状态或与代码外面的世界有可观察的交互时，它就有副作用。副作用示例包括：修改非局部变量或参数的值，从文件、网络或显示器读取数据，向文件、网络或显示器写入数据，引发异常，以及调用具有副作用的函数。

6.8　练习

1. 用另一种语言实现示例程序，但风格不变。
2. 在示例程序中，包含停用词列表的文件的名称是硬编码的（第 36 行）。修改程序，使停用词文件的名称可以作为命令行中的第二个参数给出。必须遵守以下额外的风格约束：（1）任何函数都不能有超过 1 个输入参数；（2）唯一可以更改的函数是 `remove_stop_words`，可以更改程序主要模块中的调用链，以反映对 `remove_stop_words` 的更改。
3. 采用函数式编程风格编写一个不同的程序，使其功能与示例程序完全相同，但采用的函数不同。
4. 使用流水线编程风格编写"导言"中提出的任务之一。

高尔夫风格

7.1 约束条件

❏ 代码行越少越好。

7.2 此编程风格的程序

```python
1 #!/usr/bin/env python
2 import re, sys, collections
3
4 stops = open('../stop_words.txt').read().split(',')
5 words = re.findall('[a-z]{2,}', open(sys.argv[1]).read().lower())
6 counts = collections.Counter(w for w in words if w not in stops)
```

```
7 for (w, c) in counts.most_common(25):
8     print (w, '-', c)
```

7.3 评注

这种编程风格主要关注简洁性。目标是以尽可能少的代码行实现程序的功能。这通常是通过编程语言及其库的高级功能来实现的。当简洁性是唯一目标时，这种编程风格通常会导致每一行代码（内容）过长、指令序列难以理解。通常，程序文本过于简洁也可能导致程序性能不佳或存在错误（bug），其中一些错误仅在代码用于更大或不同的上下文时才会显现出来。然而，如果使用得当，简洁的代码可能会导致程序非常优雅且易于阅读，因为它们很简短。

该示例程序可能是在 Python 语言中实现词频任务的代码行数最少的程序之一[⊖]。第 4 行仅用一行代码加载停用词列表。它通过将几个文件操作串联在一起来实现：首先，它打开停用词文件，将全部文件内容读入内存，然后根据逗号拆分单词，进而获得绑定到 stops 变量的停用词列表。第 5 行仅用一行代码实现将输入文件中的单词列表加载到内存的功能，它首先打开文件、读取其全部内容，将所有字符规范化为小写，然后应用正则表达式查找长度大于 2 的所有字母（a 到 z）序列，以自动从输入文件中删除单字母的单词。产生的一系列单词被存放到 words 列表变量中。第 6 行使用 Python 语言强大的集合库来获取所有非停用词的单词、词频对。第 7 行和第 8 行打印前 25 个最常用的单词及其词频。第 7 行同样使用了强大的集合 API，它提供了 most_common 函数。

代码行数方面的简洁性与使用其他人已创建的强大抽象息息相关。某些编程语言的核心库包含大量实用程序，可以便捷地编写短小的程序；而其他编程语言的核心库则比较小，它们希望由第三方来提供实用的库。Python 语言的内置库比较大而且种类繁多。但是，我们或许可以使用专注于自然语言文本处理的第三方库（例如 TextBlob）来编写更短的程序。事实上，如果有实用程序可以计算文件的词频，那么我们可以像这样简单地调用该函数：term_frequency(file, order='desc', limit=25)。

虽然核心库通常是可信的，但在使用第三方库时，则需要谨慎一些。使用外部库，我们在自己的代码和其他人的项目之间增加了依赖关系。由于库开发人员在某个时候停止维护他们的代码而使这些库的用户处于不确定状态的情况并不少见，尤其是在源代码不可用的情况下。另一个问题是第三方代码缺乏稳定性，这可能会在我们的代码中引入故障。

7.4 系统设计中的此编程风格

软件行业使用的最流行的指标之一是源代码行数（Source Lines Of Code，SLOC）。无

⊖ 该程序略微修改了 Peter Norvig 贡献的程序，该程序可在本书的 GitHub 库中找到。

论好坏，SLOC 都被广泛用作估算成本、开发人员生产力、可维护性和许多其他管理问题的指标。多年来，许多其他指标被发明又被弃用，但 SLOC 却被保留了下来。建设成本模型（COnstructive COst MOdel，COCOMO）是基于 SLOC 的一种软件成本估算模型。COCOMO 在 20 世纪 70 年代被发明，此后经历几次更新，至今仍被广泛使用[⊖]。

　　显然，经过仔细研究，人们发现 SLOC 对其中一些管理问题的估算还是比较简陋的，尤其是程序员生产力。但不幸的是，SLOC 仍然被用作估算标准（是的，仍然有公司坚信 SLOC/ 天＝程序员生产力！）。上面展示的示例程序是一个极端的例子：没有人会说编写单体程序的人比编写这个漂亮的小程序的人更有效率。总的来说，SLOC 与高层管理问题（如成本、生产力等）之间的相关性从未得到证明，SLOC 仅在项目开始前作为制定软件项目计划的粗浅的启发。

　　在流行文化前沿，简洁性被视为编程能力的标志，用各种编程语言编写最短程序的技艺甚至有一个专门的名字：代码高尔夫。然而，仅仅为了简洁性而试图缩短程序通常不是一个好主意。通常，这会产生难以理解的小程序，而且还可能存在一些严重的性能问题。以下面的词频程序为例：

```python
1  #!/usr/bin/env python
2  import re, string, sys
3
4  stops = set(open("../stop_words.txt").read().split(",") + list(
       string.ascii_lowercase))
5  words = [x.lower() for x in re.split("[^a-zA-Z]+", open(sys.argv
       [1]).read()) if len(x) > 0 and x.lower() not in stops]
6  unique_words = list(set(words))
7  unique_words.sort(key=lambda x: words.count(x), reverse=True)
8  print("\n".join(["%s - %s" % (x, words.count(x)) for x in
       unique_words[:25]]))
```

　　该程序与本章第一个程序的代码行数完全相同。然而，每一行都做了更多的事情，并且以一种更难让人理解的方式表达。我们来看第 5 行。这一行与第一个程序的第 5 行几乎相同：它将输入文件的单词加载到内存中，但会过滤停用词。这需要先进行一系列文件操作和测试，再基于正则表达式进行列表推导！第 6 行和第 7 行更加难以理解：它们的目的是生成一个由唯一单词及其词频组成的有序列表。首先，第 6 行使用 set 数据结构计算唯一词，该数据结构能够删除重复项。然后，第 7 行使用匿名函数（Python 语言中的 lambda）将这些唯一单词按照其对应的词频排序。

　　第二个程序虽然正确，但执行效果更差。虽然这种糟糕的表现在小文本文件中表现不出来，但在《傲慢与偏见》等书中表现得相当明显。表现不佳的原因是，只要需要计数结果，程序就会一遍又一遍地统计单词（见第 7 行）。

　　尽管，简洁性通常是许多程序员力求的一个好目标，但仅针对 LOC 进行优化是一个误入歧途的目标，可能会带来很难诊断的问题。

　　⊖　例如，请参考 https://www.openhub.net 针对每个项目的成本估算。

7.5 历史记录

代码高尔夫最初出现在 APL（一种编程语言）中，APL 是由 Ken Iverson 在 20 世纪 60 年代开发的编程语言。APL 语言中包含大量非标准符号，这些符号被用作操作数组的数学符号。到 20 世纪 70 年代初期，在 APL 程序员群体中流行一种游戏，该游戏的宗旨是用一行代码编写出有用的函数（也称为 APL 单行程序）。这些单行程序往往难以理解。

代码高尔夫也可以与最少的击键数相关联，而不是与最少的代码行数相关联。

7.6 延伸阅读

Boehm, B. (1981). *Software Engineering Economics*. Englewood Cliffs, NJ: Prentice-Hall.

概要：软件成本估算的黑暗艺术，以 COCOMO 为基础。

7.7 词汇表

❑ LOC：代码行数（Lines Of Code）是使用最广泛的软件指标之一。LOC 有多种变体。最常用的是 SLOC，它只计算带有程序指令的行，而忽略空行和带有注释的行。

7.8 练习

1. 用另一种语言实现示例程序，但风格不变。
2. 在第二个示例程序中，第 7 行是性能瓶颈。请修复它。
3. 你能用 Python 语言编写一个更短的词频程序吗？如果可以，请实现。
4. 使用高尔夫风格编写"导言"中提出的任务之一。

第三部分 *Part 3*

函 数 组 合

本部分包含三种与函数组合相关的编程风格。无限反射（Infinite Mirror）风格展示了众所周知的递归机制，并说明了如何使用其原始概念——数学归纳——来解决问题。Kick Forward（Kick Your Teammate Forward）风格基于一种称为连续传递风格（Continuation Passing Style，CPS）的编程方法。The One 风格是本书中第一次遇到称为单子（monad）的概念。后两种风格将函数作为常规数据，这是函数式编程的基础之一。

无限反射风格

8.1　约束条件

❑ 问题的全部或重要部分使用归纳法建模，即先确定基本案例（n_0），再确定 $n+1$ 的规则。

8.2　此编程风格的程序

```python
1  #!/usr/bin/env python
2  import re, sys, operator
3
4  # Mileage may vary. If this crashes, make it lower
5  RECURSION_LIMIT = 5000
6  # We add a few more, because, contrary to the name,
```

```
7  # this doesn't just rule recursion: it rules the
8  # depth of the call stack
9  sys.setrecursionlimit(RECURSION_LIMIT+10)
10
11 def count(word_list, stopwords, wordfreqs):
12     # What to do with an empty list
13     if word_list == []:
14         return
15     # The inductive case, what to do with a list of words
16     else:
17         # Process the head word
18         word = word_list[0]
19         if word not in stopwords:
20             if word in wordfreqs:
21                 wordfreqs[word] += 1
22             else:
23                 wordfreqs[word] = 1
24         # Process the tail
25         count(word_list[1:], stopwords, wordfreqs)
26
27 def wf_print(wordfreq):
28     if wordfreq == []:
29         return
30     else:
31         (w, c) = wordfreq[0]
32         print(w, '-', c)
33         wf_print(wordfreq[1:])
34
35 stop_words = set(open('../stop_words.txt').read().split(','))
36 words = re.findall('[a-z]{2,}', open(sys.argv[1]).read().lower())
37 word_freqs = {}
38 # Theoretically, we would just call count(words, stop_words,
       word_freqs)
39 # Try doing that and see what happens.
40 for i in range(0, len(words), RECURSION_LIMIT):
41     count(words[i:i+RECURSION_LIMIT], stop_words, word_freqs)
42
43 wf_print(sorted(word_freqs.items(), key=operator.itemgetter(1),
       reverse=True)[:25])
```

8.3 评注

这种编程风格鼓励通过归纳法解决问题。基于归纳法的解决方案主要通过两个步骤实现总体目标:(1)解决一个或多个基本案例;(2)提供一个解决方案,如果它适用于第 N 个案例,那么也适用于第 $N+1$ 个案例。在计算科学中,基于归纳法的解决方案通常通过递归形式来表示。

该示例程序在两个部分中使用了归纳法:计算词频(函数 count,第 11 ~ 25 行)的部分和将它们打印出来(函数 wf_print,第 27 ~ 33 行)的部分。在这两个部分中,它们的实现方法是相同的。首先,我们检查基本案例,即空列表(第 13、14 行和第 28、29 行),这是递归停止的地方。然后,确定一般情况下要做什么。在一般情况下,我们首先处理列表的头部（第 18 ～ 23 行和第 31 ～ 32 行），接着对列表剩余部分递归地执行本函数（第 25 行和第 33 行）。

　　该示例程序包括一个与 Python 语言中递归功能相关的特殊元素，分别在第 5 ～ 9 行和第 40 行。当我们递归 count 函数时，新的函数调用会占用栈的新的部分，弹出（栈顶元素的）操作仅在最后执行。但是，由于内存有限，程序最终可能会发生栈溢出。为了避免这种情况的发生，我们首先增加递归限制（第 9 行）。但这对于像《傲慢与偏见》这样大的文本来说仍然不够。因此，我们不对整个单词列表执行 count 函数，而是将该单词列表分成 N 个块，每次在一个块上调用该函数（第 40、41 行）。函数 wf_print 不会遇到同样的问题，因为它只递归 25 次。

　　在许多编程语言中，如果递归调用时遇到栈溢出的问题，可以通过尾递归优化（tail recursion optimization）技术来消除。尾调用是指将函数调用操作放到当前函数最后一个执行步骤。例如，在下面的例子中，对函数 a 和 b 的调用都发生在函数 f 的尾部位置：

```
1 def f(data):
2     if data == []:
3         a()
4     else:
5         b(data)
```

　　尾递归就是发生在函数尾部位置的递归调用。当尾递归发生时，语言处理器可以安全地删除前一个函数调用的全部栈上记录，因为在那个特定的函数调用上没有其他需要做的事情了。这也被称为尾递归优化，它能有效地将递归函数转换为循环，节省空间和时间。一些编程语言（例如 Haskell 语言）通过递归来实现循环逻辑。

　　不幸的是，Python 语言不进行尾递归优化，因此在本示例程序中，必须限制调用栈的深度。

8.4　历史记录

　　递归起源于数学中的归纳法。20 世纪 50 年代的早期编程语言，包括 Fortran，不支持对子程序的递归调用。20 世纪 60 年代初期，一些编程语言（从 Algol 60 和 LISP 开始）才支持递归，其中一些使用显式语法。到 20 世纪 70 年代，递归在编程中已经司空见惯。

8.5　延伸阅读

Daylight, E. (2011). Dijkstra's rallying cry for generalization: the advent of the recursive procedure, late 1950s–early 1960s. *The Computer Journal* 54(11). Available at http://www.dijkstrascry.com/node/4
　　概要：回顾编程中调用栈和递归思想的出现时间。

Dijkstra, E. (1960). Recursive programming. *Numerische Mathematik* 2(1): 312–318.

概要：Dijkstra 描述使用栈进行子程序调用，而不是为每个子程序提供自己的内存空间的原始论文。

8.6 词汇表

- □ **栈溢出**：当程序用完栈内存时发生的情况。
- □ **尾递归**：作为函数的最后一步动作的递归调用。

8.7 练习

1. 用另一种语言实现示例程序，但风格不变。要特别注意选择的语言是否支持尾递归优化，如果支持，程序需要反映出这一点，而不是盲目地复制本示例的 Python 程序。
2. 将第 35 行（加载和识别停用词）替换为无限反射风格的函数。在这种风格下，这行代码的哪一部分容易实现，哪一部分难实现？
3. 本示例函数中，全局变量 word_freqs（第 37 行）被传递给 count 函数，count 函数修改 word_freqs 的值。因此，代码（的执行结果）对于副作用发生的顺序有依赖性。通过流水线风格来实现该功能，方法是将词频作为 count 函数返回值并且将此返回值作为递归调用的输入参数。
4. 使用这种编程风格编写"导言"中提出的任务之一。

Kick Forward 风格

9.1 约束条件

Kick Forward 风格是流水线风格的变种，具有以下额外的约束：

❑ 每个函数都有一个额外的输入参数，通常作为最后一个，并且该参数是另一个函数。

❑ 函数参数被应用于当前函数的末尾。

❑ 当前函数的执行结果将被作为下一个函数调用的输入参数。

❑ 较大的问题通过流水线中的一连串函数来解决，下一个要被执行的函数将作为当前函数的输入参数。

9.2 此编程风格的程序

```python
1  #!/usr/bin/env python
2  import sys, re, operator, string
3
4  #
5  # The functions
6  #
7  def read_file(path_to_file, func):
8      with open(path_to_file) as f:
9          data = f.read()
10     func(data, normalize)
11
12 def filter_chars(str_data, func):
13     pattern = re.compile('[\W_]+')
14     func(pattern.sub(' ', str_data), scan)
15
16 def normalize(str_data, func):
17     func(str_data.lower(), remove_stop_words)
18
19 def scan(str_data, func):
20     func(str_data.split(), frequencies)
21
22 def remove_stop_words(word_list, func):
23     with open('../stop_words.txt') as f:
24         stop_words = f.read().split(',')
25     # add single-letter words
26     stop_words.extend(list(string.ascii_lowercase))
27     func([w for w in word_list if not w in stop_words], sort)
28
29 def frequencies(word_list, func):
30     wf = {}
31     for w in word_list:
32         if w in wf:
33             wf[w] += 1
34         else:
35             wf[w] = 1
36     func(wf, print_text)
37
38 def sort(wf, func):
39     func(sorted(wf.items(), key=operator.itemgetter(1), reverse=
           True), no_op)
40
41 def print_text(word_freqs, func):
42     for (w, c) in word_freqs[0:25]:
43         print(w, '-', c)
44     func(None)
45
46 def no_op(func):
47     return
48
49 #
50 # The main function
51 #
52 read_file(sys.argv[1], filter_chars)
```

9.3　评注

在这种编程风格中，函数接受一个额外的参数——另一个函数，这意味着该函数将在当前函数的最后面被执行，并将当前函数的执行结果作为输入参数。这也意味着函数参数自己执行完毕后，无须返回到其调用者，相反，可以继续执行其他函数。

这种风格在某些圈子中被称为连续传递风格，它通常与作为连续的匿名函数（也称为lambda）一起使用，而不是与命名函数一起使用。为了提高可读性，本示例程序采用命名函数。

示例程序采用了我们在之前编程风格（尤其是流水线风格）中采用的拆解方式，因此，此处不再赘述每个函数的用途。需要注意的是，在所有这些函数中看到的额外参数 func 及其使用方式：func 是当前函数执行完成后下一个将要执行的函数。我们将此示例程序与用流水线风格编写的程序进行比较。

这里主程序（第 52 行）调用一个单独的函数 read_file，并给它提供要读取的文件的名称（来自命令行输入）和函数 read_file 执行完成后要调用的下一个函数 filter_chars。而在流水线风格下，主程序是一连串的函数调用，完整定义了"工厂"的所有步骤。

在这种编程风格下，read_file 函数（第 7 ～ 10 行）首先读取文件内容，然后调用输入参数 func 作为 read_file 函数的最后一个动作，在本例中 func 是函数 filter_chars（见第 52 行）。当 read_file 函数这样做时，它将 data（通常作为 read_file 的返回值，对应流水线风格示例程序第 14 行）和函数 normalize 作为输入参数传递给 filter_chars 函数，并且在自己的最后一步执行 filter_chars 函数。其他函数也都采用相同的方式设计。直到执行到第 46 行的 no_op 函数（该函数不执行任何操作）时，函数调用链才被中断。

9.4　系统设计中的此编程风格

这种风格具有不同的用途。第一种用途是编译器优化：一些编译器将它们编译的程序转换为这种风格的中间表示（状态），从而让编译器能够针对尾调用进行优化（参见第 8 章的讨论）。

第二种用途是处理正常情况和失败情况：对于函数来说，除了接收正常输入参数之外，还可以方便地接收另外两个函数作为输入参数，这两个参数函数会给出当前函数执行成功或失败时，往哪里继续。

第三种用途是处理单线程编程语言中的输入 / 输出（IO）阻塞问题：在这些语言中，程序永远不会阻塞，直到它们执行到 IO 操作（例如等待网络连接或磁盘反馈），此时，控制权被交给程序的下一条指令。一旦 IO 操作完成，语言运行时需要从它停止的地方继续，这是通过向当前函数传递一个或多个额外的函数参数来完成的。例如，以下代码是 Socket.io 示例的一部分，Socket.io 是基于 Node.js 的 WebSockets 的 JavaScript 库：

```
1  function handler (req, res) {
2    fs.readFile(__dirname + '/index.html',
3    function (err, data) {
4      if (err) {
5        res.writeHead(500);
6        return res.end('Error loading index.html');
7      }
8
9      res.writeHead(200);
10     res.end(data);
11   });
12 }
```

在此示例程序中，第 2 行中调用的 readFile 函数原则上会阻塞线程，直到从磁盘读取数据的操作完成，这是 C、Java、LISP、Python 等语言的预期行为。在没有线程的情况下，这意味着在磁盘操作完成之前，程序无法为其他任何请求提供服务，这很糟糕（磁盘访问速度很慢）。JavaScript 的设计原则是让异步性不再是应用程序的关注点，将其交给底层语言处理器来完成。也就是说，磁盘操作将被阻塞，但应用程序可以继续执行下一条指令——在本例中为第 12 行，这是 handler 函数的返回语句。但是，无论是否成功从磁盘读取了数据，都需要告诉语言处理器下一步该做什么。这是通过将一个函数作为额外输入参数来实现的，在本示例程序中就是定义在第 3 ～ 11 行中的匿名函数。一旦磁盘读取操作阻塞解除，并且主线程阻塞在其他一些 IO 操作上，底层语言处理器就会调用该匿名函数。

虽然此编程风格在 JavaScript 和其他不支持线程的语言中很有必要，但如果被滥用，这种风格会导致非常难以阅读的意大利面式的代码（也称为回调地狱）。

9.5　历史记录

与所有事物风格编程情况一样，多年来，这种编程风格被许多人出于不同的目的“发明”了出来。

这种风格起源于 GOTO 语句或 20 世纪 60 年代的 Jump 语句（跳出某几个代码块）。最早对连续的描述可以追溯到 1964 年，由 A.Wijngaarden 在一次演讲中提出，但由于种种原因，此想法当时并没有流行起来。在 20 世纪 70 年代初期，作为 GOTO 的替代方案，这个想法再次出现在一些论文和演示文稿中。从那时起，这个概念在编程语言社区中变得广为人知。20 世纪 70 年代后期首次出现的 Scheme 编程语言使用了连续（continuation）概念。如今，连续概念在逻辑编程语言中被大量使用。

9.6　延伸阅读

Reynolds, J. (1993). The discoveries of continuations. *Lisp and Symbolic Com-*

putation 6: 233–247.

概要：回顾连续概念的历史。

9.7 词汇表

- ❑ **连续**：连续是一个代表"程序的其余部分"的函数。从优化编译器到提供指称语义再到处理异步性，这个概念有多种用途。它也是一些语言结构（例如 goto 语句和 exception 语句）的替代方法，因为它提供了一种从函数执行非本地返回的通用机制。
- ❑ **回调地狱**：一种意大利面式的代码形式，它将匿名函数作为函数的输入参数，并且这样反复的函数调用达到几层深。

9.8 练习

1. 用另一种语言实现示例程序，但风格不变。
2. 使用这种风格编写"导言"中提出的任务之一。

Chapter 10 | 第 10 章

The One 风格

10.1　约束条件

- ❏ 存在可以转换值的抽象。
- ❏ 该抽象提供了几种操作：（1）封装值，使它们成为抽象；（2）将自身绑定到函数，建立一系列函数；（3）解开封装，检查数据最终结果。
- ❏ 较大的问题可以通过流水线中绑定在一起的一组函数解决，结果将在最后展开。
- ❏ 尤其是对于 The One 风格，绑定操作只是简单地调用给定的函数，将其保存的值赋给它，并保存返回值。

10.2 此编程风格的程序

```python
#!/usr/bin/env python
import sys, re, operator, string

#
# The One class for this example
#
class TFTheOne:
    def __init__(self, v):
        self._value = v

    def bind(self, func):
        self._value = func(self._value)
        return self

    def printme(self):
        print(self._value)

#
# The functions
#
def read_file(path_to_file):
    with open(path_to_file) as f:
        data = f.read()
    return data

def filter_chars(str_data):
    pattern = re.compile('[\W_]+')
    return pattern.sub(' ', str_data)

def normalize(str_data):
    return str_data.lower()

def scan(str_data):
    return str_data.split()

def remove_stop_words(word_list):
    with open('../stop_words.txt') as f:
        stop_words = f.read().split(',')
    # add single-letter words
    stop_words.extend(list(string.ascii_lowercase))
    return [w for w in word_list if not w in stop_words]

def frequencies(word_list):
    word_freqs = {}
    for w in word_list:
        if w in word_freqs:
            word_freqs[w] += 1
        else:
            word_freqs[w] = 1
    return word_freqs

def sort(word_freq):
    return sorted(word_freq.items(), key=operator.itemgetter(1),
        reverse=True)
```

```
54
55  def top25_freqs(word_freqs):
56      top25 = ""
57      for tf in word_freqs[0:25]:
58          top25 += str(tf[0]) + ' - ' + str(tf[1]) + '\n'
59      return top25
60
61  #
62  # The main function
63  #
64  TFTheOne(sys.argv[1]) \
65  .bind(read_file) \
66  .bind(filter_chars) \
67  .bind(normalize) \
68  .bind(scan) \
69  .bind(remove_stop_words) \
70  .bind(frequencies) \
71  .bind(sort) \
72  .bind(top25_freqs) \
73  .printme()
```

注意 如果不熟悉 Python 语言，请参阅"导言"部分，了解 Python 中 self 和构造函数的使用说明。

10.3 评注

这种风格是编排（调用）一系列函数的另一种变体，超越了大多数编程语言提供的传统函数组合。在这种风格中，我们建立了一个抽象（"the one"）作为值和函数之间的黏合剂。这种抽象提供了两个主要操作：一个封装操作——接受简单的值并返回实例（该实例是黏合剂抽象）；一个绑定操作——将封装好的值传递给函数。

这种风格来自 Haskell 语言（一种不允许函数有任何副作用的函数式编程语言）中的特性单子（Identity monad）。由于这个强大的约束，Haskell 语言的设计者们想出了一些有趣的方法来解决大多数程序员认为理所当然的事情，如（全局）状态及异常。他们使用了一种优雅的方式，叫作 monad。

在解释什么是 monad 之前，我们先来分析示例程序采用的风格。第 7 ～ 16 行定义了此示例的黏合剂抽象 TFTheOne。请注意，我们将其建模为一个类，而不是一组独立的函数（更多相关信息见下面的练习）。TFTheOne 提供了一个构造函数和 2 个方法（bind 和 printme）。构造函数获取一个值并使新创建的实例保留该值（第 9 行）。换句话说，构造函数围绕给定值封装 TFTheOne 实例。bind 方法接受一个函数作为参数，调用该函数并将实例所保存的值作为该函数的输入参数更新内部值，然后返回同一个 TFTheOne 实例。也就是说，bind 方法将一个值传递给一个函数并执行该函数，返回封装了该函数执行后的新结果的实例。最后，由 printme 方法将值打印到屏幕上。

在第 21 ～ 59 行中定义的函数与我们在之前的风格中看到的函数大体相似，特别是与流水线风格中的函数相似，因此这里无须解释它们的功能。

该示例程序有趣的部分从第 64 行开始，即程序的 main 函数部分。该段代码将函数从左到右链接在一起，将返回值与序列中需要调用的下一个函数绑定在一起，使用 TFTheOne 抽象作为该链的黏合剂。请注意，出于实际目的并忽略细微差别，此行与流水线风格示例程序中的第 66 行有相同的作用：

```
1 word_freqs = sort(frequencies(remove_stop_words(scan(
     filter_chars_and_normalize(read_file(sys.argv[1]))))))
```

大多数编程语言已开始提供上述风格来作为函数组合的规范。然而，与 Kick Forward 风格一样，The One 风格以其独特的方式实现函数组合。与此同时，与 Kick Forward 风格不一样的是，也许除了允许我们从左到右（而不是从右到左）编写函数链的有趣特性之外，The One 风格本身并没有特别值得在实践中使用的显著特性。的确，Identity monad 被认为是一种不重要的单子（monad），因为 Identity monad 对它所处理的函数不做任何其他有趣的操作（除了调用它们）。但并不是所有的单子都是如此。

所有单子本质上都具有与 TFTheOne 相同的接口：一个封装操作（即构造函数）、一个绑定操作和一些显示单子内部内容的操作。但是这些操作可以做不同的事情，从而产生不同的单子——不同的链接计算的方式。我们将在第 25 章中看到另一个示例。

10.4　历史记录

单子（monad）起源于范畴论（category theory），在 20 世纪 90 年代初期被引入 Haskell 编程语言，试图建立一个将副作用合并到纯函数式语言中的模型。

10.5　延伸阅读

Moggi, E. (1989). An abstract view of programming languages. Lecture Notes produced at Stanford University.

概要：通过这些笔记，Moggi 将范畴论引入了编程语言领域。

Wadler, P. (1992). The essence of functional programming. *19th Symposium on Principles of Programming Languages*, ACM Press.

概要：Wadler 在纯函数式编程语言环境中引入了单子（monad）概念。

10.6　词汇表

❑ 单子（monad）：一个封装一系列计算步骤的结构（例如对象）。一个单子有两个主要操作：（1）一个构造函数——将值封装在单子中；（2）一个绑定操作，它将函数作为输入参数，以某种方式将该函数绑定到单子，并返回一个单子（可能是它本身）。此外，还可以有第三个操作，用于解封装／打印／评估单子等。

10.7 练习

1. 用另一种语言实现示例程序，但风格不变。
2. 示例程序中的 Identity monad 通过类 TFTheOne 来实现。在函数式编程语言中，单子类型的操作只有 wrap 和 bind 函数。wrap 函数接受一个简单的值，并返回一个函数。返回的函数在被调用时返回该值。bind 函数接受一个封装值和一个函数，并返回应用封装值调用该函数的结果。定义这两个函数并按以下方式使用它们，以重新实现示例程序：

```
printme(..wrap(bind(wrap(sys.argv[1]),read_file),filter_chars)..)
```

3. 使用这种风格编写"导言"中提出的任务之一。

第四部分 *Part 4*

对象和对象交互

有许多方法可以抽象出一个问题、一个概念或一个可观察的现象。单体风格作为一条基线,说明了当问题没有被抽象而是在程序中完成全部具体实现和细节时,程序看起来是什么样的。高尔夫风格的示例程序也没有抽象问题,但是,由于它利用了编程语言和编程语言库提供的强大抽象,因此该示例程序中的每一行代码几乎都蕴含了一个概念性的思想单元,即使这些单元没有明确的名称。食谱风格使用过程抽象:将较大的问题拆解为一系列步骤或过程,每个步骤或过程都有一个名称,它们对共享数据池进行操作。流水线风格的程序使用函数抽象:较大的问题被拆解为一组函数,其中每个函数都有一个名称,它们接受输入,产生输出,并通过将一个函数的输出结果作为另一个函数的输入实现了函数组合。

这一部分包含与对象抽象相关的一系列编程风格。当问程序员什么是对象时,你可能会看到答案主要围绕四五个主要概念,所有这些概念都相关,但彼此之间又略有不同。作为这种多样性的一部分,我们可以识别出许多不同的机制,通过这些机制,对象被认为可以相互交互。这一系列的编程风格体现了这种多样性。

第 11 章 *Chapter 11*

事 物 风 格

11.1 约束条件

- ❑ 较大的问题被分解为对问题域有意义的事物（thing）。
- ❑ 每个事物都是一个数据胶囊，将过程公开给外部世界。
- ❑ 数据永远不能被直接访问，只能通过这些过程访问。
- ❑ 胶囊可以重新采用其他胶囊中定义的过程。

11.2 此编程风格的程序

```python
1  #!/usr/bin/env python
2  import sys, re, operator, string
3  from abc import ABCMeta
4
5  #
6  # The classes
7  #
8  class TFExercise():
9      __metaclass__ = ABCMeta
10
11     def info(self):
12         return self.__class__.__name__
13
14 class DataStorageManager(TFExercise):
15     """ Models the contents of the file """
16
17     def __init__(self, path_to_file):
18         with open(path_to_file) as f:
19             self._data = f.read()
20         pattern = re.compile('[\W_]+')
21         self._data = pattern.sub(' ', self._data).lower()
22
23     def words(self):
24         """ Returns the list words in storage """
25         return self._data.split()
26
27     def info(self):
28         return super(DataStorageManager, self).info() + ": My
               major data structure is a " + self._data.__class__.
               __name__
29
30 class StopWordManager(TFExercise):
31     """ Models the stop word filter """
32
33     def __init__(self):
34         with open('../stop_words.txt') as f:
35             self._stop_words = f.read().split(',')
36         # add single-letter words
37         self._stop_words.extend(list(string.ascii_lowercase))
38
39     def is_stop_word(self, word):
40         return word in self._stop_words
41
42     def info(self):
43         return super(StopWordManager, self).info() + ": My major
               data structure is a " + self._stop_words.__class__.
               __name__
44
45 class WordFrequencyManager(TFExercise):
46     """ Keeps the word frequency data """
47
48     def __init__(self):
49         self._word_freqs = {}
50
51     def increment_count(self, word):
```

```
52          if word in self._word_freqs:
53              self._word_freqs[word] += 1
54          else:
55              self._word_freqs[word] = 1
56
57      def sorted(self):
58          return sorted(self._word_freqs.items(), key=operator.
                itemgetter(1), reverse=True)
59
60      def info(self):
61          return super(WordFrequencyManager, self).info() + ": My
                major data structure is a " + self._word_freqs.
                __class__.__name__
62
63  class WordFrequencyController(TFExercise):
64      def __init__(self, path_to_file):
65          self._storage_manager = DataStorageManager(path_to_file)
66          self._stop_word_manager = StopWordManager()
67          self._word_freq_manager = WordFrequencyManager()
68
69      def run(self):
70          for w in self._storage_manager.words():
71              if not self._stop_word_manager.is_stop_word(w):
72                  self._word_freq_manager.increment_count(w)
73
74          word_freqs = self._word_freq_manager.sorted()
75          for (w, c) in word_freqs[0:25]:
76              print(w, '-', c)
77  #
78  # The main function
79  #
80  WordFrequencyController(sys.argv[1]).run()
```

11.3 评注

在这种编程风格中，问题被分解为多个过程的集合，每个集合共享并隐藏一个主要的数据结构或控制逻辑。这些数据和过程的封装胶囊被称为事物或对象。数据永远无法从事物之外直接访问，相反，数据隐藏在事物内，只能通过公开的过程（也称为方法）访问。从调用者的角度来看，事物可以被具有不同实现集的其他事物替换，只要调用过程的接口是相同的。

这种编程风格有很多变体，我们将在其他章节中看到其中的一些。主流的面向对象编程（Object-Oriented Programming，OOP）语言，如 Java、C# 和 C++，将几个概念集中在一起，这些概念定义了对对象的期望。事物风格的本质很简单：在过程之间共享数据，但对外界隐藏数据。这种风格不仅可以通过 OOP 语言实现，也可以通过任何其他支持命令式特性的语言实现。此外，这种风格通常与类和继承相关联，尽管严格来说，这些概念对于事物风格的编程来说既不是必要的也不是充分的。

示例程序利用了 Python 的 OOP 特性，但接下来的讲解主要侧重于这种风格的本质。在本示例程序中，问题是用四个主要对象建模的：`DataStorageManager`、`StopWordManager`、`WordFrequencyManager`、`WordFrequencyController`。

- ❑ `DataStorageManager`（第 14 ～ 28 行）关注如何从外部世界获取文本数据并将其提炼成应用程序其余部分可以使用的单词。它的主要公共方法 `words` 返回存储空间中的单词列表。为此，它的构造函数首先读取文件，然后清除数据中的非字母、非数字字符并将其规范化为小写。`DataStorageManager` 对象隐藏了文本数据，只提供一个过程以供检索其中的单词。这是面向对象编程中封装的典型例子。`DataStorageManager` 是与当前问题的输入文本数据相关的数据和行为的抽象。

- ❑ `StopWordManager`（第 30 ～ 43 行）为应用程序的其余部分提供服务——确定给定的单词是否为停用词。在内部，它维护着一个停用词列表，对外提供的服务 `is_stop_word` 就是基于这个列表来判断的。在这里，我们看到了封装的作用：应用程序的其余部分不需要知道 `StopWordManager` 内部使用什么样的数据，以及它如何判断给定的单词是否为停用词。该对象公开的过程是 `is_stop_word`，这便是应用程序的其余部分需要知道的。

- ❑ `WordFrequencyManager`（第 45 ～ 61 行）负责管理单词的词频统计。在内部，它关注一个主要的数据结构，即映射单词和对应词频的字典变量。对外部，它提供了可以被应用程序的其余部分调用的过程，即 `increment_count` 和 `sorted`。`increment_count` 通过改变内部字典的值来改变对象的状态；`sorted` 返回按词频排序的单词集合。

- ❑ `WordFrequencyController`（第 63 ～ 76 行）是启动整个应用程序的对象。它的构造函数会实例化应用程序其他对象，它的主要方法被简单地叫作 `run`。该方法轮询 `DataStorageManager` 中的单词，通过询问 `StopWordManager` 来检测这些单词是否为停用词，如果不是，则调用 `WordFrequencyManager` 来增加该单词的计数。在遍历完 `DataStorageManager` 提供的所有单词后，方法 `run` 从 `WordFrequencyManager` 中检索排序（按词频）的单词集合，并显示 25 个最常出现的单词。

最后，`main` 函数简单地实例化 `WordFrequencyController` 并调用它的 `run` 方法。

按照使用主流 OOP 语言（包括 Python）时的惯例，示例程序使用类来定义数据和过程的封装胶囊。类（第 14、30、45 和 63 行）是对象构造的模板。如前所述，即使最流行的 OOP 语言让我们相信类是 OOP 的核心，但事实是对于事物风格的编程而言，它们既不是必要的也不是充分的。它们只是一种定义对象的机制，当应用程序使用许多相似类型的对象（又名实例）时，这种机制特别方便。但是许多支持这种编程风格的语言，尤其是 JavaScript，并不明确支持类的概念，因此对象是通过其他方式定义的——例如通过函数、字典等。

继承是另一个适用于所有主流 OOP 语言的概念。示例程序以某种人为的方式使用继

承，仅用于演示。在示例中，我们定义了一个名为 TFExercise 的抽象基类（第 8 ～ 12
行）。第 9 行语句是 Python 表示此类是抽象类的方式，这意味着它不能直接用于创建对
象，而必须由其他类扩展。TFExercise 类只定义了一个方法 info，用于打印示例中每
个类的信息。示例中的所有类都继承自 TFExercise——在 Python 中，继承是通过语法
class A(B) 实现的，这意味着类 A 扩展了类 B。四个类中的三个覆盖了超类的 info 方
法——第 27 ～ 28、42 ～ 43 和 60 ～ 61 行。WordFrequencyController 类则没有，相
反，它（重新）使用超类中定义的方法，就好像超类中的这个方法是它自己的一样（请注
意，示例中没有调用这些方法——它们将在练习部分中被使用）。

从本质上讲，继承是一种建模工具，是对现实世界进行建模的概念工具的核心部分。
继承捕获了对象或对象类之间的 is 关系，例如，汽车是（is）车辆，因此无论车辆具有什
么样的一般状态和过程，汽车也都应该有。在编程中，继承也是一种复用代码的机制。在
车辆 - 汽车示例中，车辆对象的过程和内部实现可用于汽车对象，即使汽车对象可以扩展或
覆盖车辆的功能。

继承通常与类相关联，如示例程序所示，但同样，这两个概念彼此独立。对象之间也
可以直接建立继承关系，不支持类的 OOP 语言可能仍然支持对象之间的继承——JavaScript
就是这种情况。本质上，编程中的继承是指使用已存在的对象的定义来定义新对象的能力。

事物风格特别适合用于对真实世界对象进行建模，例如 Simula 67 语言最初设想的对
象。图形用户界面（Graphical User Interface，GUI）编程是特别适合这种风格的领域。在过
去几十年中，C++ 和 Java 的主导地位使得整整一代的程序员都使用这种风格对计算问题进
行建模，但它也并不是所有情况的最优选择。

11.4 系统设计中的此编程风格

由于 20 世纪 80 年代和 90 年代人们对 OOP 的兴趣非常大，以至于许多人试图在大型
分布式系统中使用相同的原则。这种方法通常被称为"分布式对象"，它在 20 世纪 90 年
代引起了业界的强烈关注——大约与 Web 出现的时间相仿。系统设计层面的主流想法是
Internet 中的一个节点上的软件可以获取对驻留在另一个节点上的远程对象的引用，这样它
就可以调用那些远程对象的方法，几乎就像本地对象一样——调用方式看起来与本地对象
调用相同。支持分布式对象的平台和框架在很大程度上自动化了存根（stub）和网络代码的
生成，使应用程序开发人员几乎看不到底层情况。

此类平台和框架包括 CORBA（Common Object Request Broker Architecture，通用对象
请求代理架构，由一个大型委员会制定的标准）和 Java 的远程方法调用（Remote Method
Invocation）。

这种方法原则上虽然是一个有趣的想法，但在实践中却未能获得支持。分布式对象的
主要问题之一是系统需要让它的全部分布式组件使用相同的编程语言以及相同的基础设施。

而分布式系统往往需要在不同的时间点访问由不同人开发的组件，因此，相同的基础设施这个要求就有点站不住脚。

此外，CORBA 标准化的巨大工作量与 Web 的出现及越来越快地被业内接受的现状产生了冲突，而后者对于大规模系统的设计采取了完全不同的方法。无论如何，分布式对象是一种有趣的系统设计方法，它与以事物风格编写的较小规模的程序非常吻合。

11.5　历史记录

面向对象编程最早由 Simula 67 语言在 20 世纪 60 年代引入。Simula 67 语言已经有了上面解释的所有主要概念，即对象、类和继承。不久之后，在 20 世纪 70 年代初期，施乐公司（Xerox）在创建个人计算机方面的投资包括设计和实现 Smalltalk 语言。Smalltalk 语言是一种深受 Simula 启发，但被设计成用于"现代"（当时）图形显示和外设的编程语言。Smalltalk 语言的风格与第 12 章中的风格更相似，因此将在第 12 章中介绍。

11.6　延伸阅读

Dahl, O.-J., Myhrhaug, B. and Nygaard, K. (1970). Common Base Language.
　　Technical report, Norwegian Computing Center, available at
　　http://www.fh-jena.de/kleine/history/languages/Simula-CommonBase
　　Language.pdf
　　概要：Simula 的原始描述。

11.7　词汇表

❑ **抽象类**：不能被直接实例化的类，仅被用作由其他类继承的行为单元。

❑ **基类**：让另一个类继承的类。与超类相同。

❑ **类**：用于创建（也称为实例化）对象的数据和过程的模板。

❑ **派生类**：从另一个类继承而来的类。与子类相同。

❑ **扩展**：使用另一个对象或者类作为基础，同时增加额外的数据和过程，以定义一个新的对象或者类。

❑ **继承**：使用现有的对象或类的定义作为新对象或类的定义的一部分的能力。

❑ **实例**：具体的对象，通常是由类构造而成。

❑ **方法**：作为对象或类的一部分的过程。

❑ **对象**：数据和过程的封装胶囊。

❑ **覆盖**：在子类中通过新的实现来更改继承来的过程。

❑ **单例**：一个对象，它是类对象的唯一实例。
❑ **子类**：与派生类相同。
❑ **超类**：与基类相同。

11.8 练习

1. 用另一种语言实现示例程序，但风格不变。

2. 在示例程序中，方法 info 永远不会被调用。（最低程度地）更改程序以便所有这些 info 方法都被调用，并且它们的结果都被打印出来。当对 DataStorageManager 对象和 WordFrequencyController 对象调用该方法时，内部会发生什么？请解释结果。

3. 仍旧采用事物风格，但编写一个不同的程序。该程序完成与示例程序完全相同的事情，但具有不同的类，即使用不同的问题拆解方式。无须保留示例中相对人为的继承关系或 info 方法。

4. 在不使用 Python 类的情况下，采用事物风格实现词频问题。无须保留 info 方法。

5. 使用这种风格编写"导言"中提出的任务之一。

Chapter 12 第 12 章

信 箱 风 格

12.1　约束条件

❑ 较大的问题被拆解为对问题域有意义的事物。

❑ 每个事物都是一个数据胶囊，只能通过单独的过程暴露给外部世界。

❑ 消息分发可能导致将消息发送到另一个胶囊。

12.2 此编程风格的程序

```python
1  #!/usr/bin/env python
2  import sys, re, operator, string
3
4  class DataStorageManager():
5      """ Models the contents of the file """
6      _data = ''
7
8      def dispatch(self, message):
9          if message[0] == 'init':
10             return self._init(message[1])
11         elif message[0] == 'words':
12             return self._words()
13         else:
14             raise Exception("Message not understood " + message
                   [0])
15
16     def _init(self, path_to_file):
17         with open(path_to_file) as f:
18             self._data = f.read()
19         pattern = re.compile('[\W_]+')
20         self._data = pattern.sub(' ', self._data).lower()
21
22     def _words(self):
23         """ Returns the list words in storage"""
24         data_str = ''.join(self._data)
25         return data_str.split()
26
27 class StopWordManager():
28     """ Models the stop word filter """
29     _stop_words = []
30
31     def dispatch(self, message):
32         if message[0] == 'init':
33             return self._init()
34         elif message[0] == 'is_stop_word':
35             return self._is_stop_word(message[1])
36         else:
37             raise Exception("Message not understood " + message
                   [0])
38
39     def _init(self):
40         with open('../stop_words.txt') as f:
41             self._stop_words = f.read().split(',')
42         self._stop_words.extend(list(string.ascii_lowercase))
43
44     def _is_stop_word(self, word):
45         return word in self._stop_words
46
47 class WordFrequencyManager():
48     """ Keeps the word frequency data """
49     _word_freqs = {}
50
51     def dispatch(self, message):
52         if message[0] == 'increment_count':
```

```
53              return self._increment_count(message[1])
54          elif message[0] == 'sorted':
55              return self._sorted()
56          else:
57              raise Exception("Message not understood " + message
                    [0])
58
59      def _increment_count(self, word):
60          if word in self._word_freqs:
61              self._word_freqs[word] += 1
62          else:
63              self._word_freqs[word] = 1
64
65      def _sorted(self):
66          return sorted(self._word_freqs.items(), key=operator.
                itemgetter(1), reverse=True)
67
68  class WordFrequencyController():
69
70      def dispatch(self, message):
71          if message[0] == 'init':
72              return self._init(message[1])
73          elif message[0] == 'run':
74              return self._run()
75          else:
76              raise Exception("Message not understood " + message
                    [0])
77
78      def _init(self, path_to_file):
79          self._storage_manager = DataStorageManager()
80          self._stop_word_manager = StopWordManager()
81          self._word_freq_manager = WordFrequencyManager()
82          self._storage_manager.dispatch(['init', path_to_file])
83          self._stop_word_manager.dispatch(['init'])
84
85      def _run(self):
86          for w in self._storage_manager.dispatch(['words']):
87              if not self._stop_word_manager.dispatch(['is_stop_word
                    ', w]):
88                  self._word_freq_manager.dispatch(['increment_count
                        ', w])
89
90          word_freqs = self._word_freq_manager.dispatch(['sorted'])
91          for (w, c) in word_freqs[0:25]:
92              print(w, '-', c)
93
94  #
95  # The main function
96  #
97  wfcontroller = WordFrequencyController()
98  wfcontroller.dispatch(['init', sys.argv[1]])
99  wfcontroller.dispatch(['run'])
```

12.3 评注

这种风格对第 11 章中讲述的事物概念采取了一种不同的观点。应用程序按照完全相同的方式划分成不同的功能部分。不同的是事物（又称对象）不再对外部世界公开一组过程，相反，只对外公开一个单独的过程，该过程用来接收消息。数据和过程都是隐藏的。对于能够被对象理解的消息，对象将通过执行相应的过程来回应；对于其他不能被对象理解的消息，要么被忽略，要么产生某种类型的错误；对于其他消息，可能不由接收消息的对象直接处理，而由和接收消息的对象相关的其他对象处理。

在本示例程序中，实现与前面的示例程序基本相同的实体，但没有公开方法。相反，所有类都只公开一个方法，即 dispatch，它接受一个消息——请参阅第 8 ～ 14 行、31 ～ 37 行、51 ～ 57 行和 70 ～ 76 行中的这些方法。该消息由如下几个部分组成：一个能够标志自己的标签、零个或多个用于内部过程的输入参数。根据消息的标签，对象内部的方法可能被调用，或者抛出异常"消息不理解"。对象之间通过相互发送消息进行交互。

基于对象抽象的编程风格不一定必须有继承特性，尽管如今大多数支持面向对象编程（OOP）的编程环境都支持继承特性。能够实现相似功能，但特别适合消息分发风格的另一种（代码）重用机制是委托（delegation）。虽然在本示例程序中没有展示，但是，当接收消息的对象本身没有处理消息的方法时，让 dispatch 方法把消息发送给另一个对象是可行的。例如，编程语言 Self 为对象提供了允许程序员动态设置的父对象（parent）插槽（slot）。当对象接收到执行某个动作的消息时，如果在对象中没有找到对应的动作，则将消息转发给它的父对象。

12.4　系统设计中的此编程风格

在分布式系统中，在没有进一步抽象的情况下，组件通过相互发送消息来进行交互。OOP 的消息传递风格比远程过程 / 方法调用更适合分布式系统设计：与接口组件相比，消息的传递开销要低得多。

12.5　历史记录

信箱风格（letterbox style）解释了消息分发的机制，它是所有 OOP 语言的基础，至少在概念上是。它类似于 Smalltalk 语言（20 世纪 70 年代），Smalltalk 语言是历史上最重要的 OOP 语言之一。Smalltalk 语言是围绕对象风格的纯粹性原则设计的，因此，它并没有试图收集其他语言中出现的大量有用的编程特性，而是尝试通过将所有事物都视为对象来实现概念上的一致性，对象之间的交互是通过消息传递实现的——一个纯粹的目标（类似于某些函数式编程语言，只做与函数概念有关的事情）。在 Smalltalk 语言中，包括数字在内的一切都是对象。类也是对象。

这种风格也出现在并发编程中，特别是在参与者（Actor）模型中，我们将在第 29 章中介绍 Actor 模型。

12.6 延伸阅读

Kay, A. (1993). The Early History of Smalltalk. *HOPL-II,* ACM, New York,
pp. 69–95.

概要：Smalltalk 语言的历史，由它的创造者之一 Alan Kay 讲述。

12.7 词汇表

❑ **委托**：对象在请求执行过程时，使用另一个对象的方法的能力。

❑ **消息分发**：接收消息、解析其标签并确定处理方法的过程。处理方法可以是执行某个方法、返回错误或将消息转发给其他对象。

12.8 练习

1. 用另一种语言实现示例程序，但风格不变。
2. 回顾一下事物风格的 info 方法（第 11 章）。编写一个不使用 Python 继承关系的程序版本来实现相同功能，但要能够保留这些关系的代码重用意图。也就是说，当所有类接收到 info 消息时，info 方法应该对所有类可用。与此同时，不应该有新的过程被定义在任何一个现有的类中。提示：从 Self 编程语言中获取使用父（类）字段的灵感。
3. 使用这种风格编写"导言"中提出的任务之一。

闭映射风格

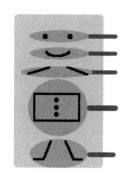

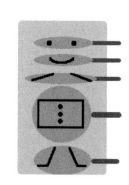

13.1 约束条件

☐ 较大的问题被分解为对问题域有意义的事物。

☐ 每个事物都是一个键到值的映射。某些值是过程 / 函数。

☐ 过程 / 函数通过引用它的插槽来达到闭映射。

13.2 此编程风格的程序

```python
#!/usr/bin/env python
import sys, re, operator, string

# Auxiliary functions that can't be lambdas
#
def extract_words(obj, path_to_file):
    with open(path_to_file) as f:
        obj['data'] = f.read()
    pattern = re.compile('[\W_]+')
    data_str = ''.join(pattern.sub(' ', obj['data']).lower())
    obj['data'] = data_str.split()

def load_stop_words(obj):
    with open('../stop_words.txt') as f:
        obj['stop_words'] = f.read().split(',')
    # add single-letter words
    obj['stop_words'].extend(list(string.ascii_lowercase))

def increment_count(obj, w):
    obj['freqs'][w] = 1 if w not in obj['freqs'] else obj['freqs'][w]+1

data_storage_obj = {
    'data' : [],
    'init' : lambda path_to_file : extract_words(data_storage_obj,
        path_to_file),
    'words' : lambda : data_storage_obj['data']
}

stop_words_obj = {
    'stop_words' : [],
    'init' : lambda : load_stop_words(stop_words_obj),
    'is_stop_word' : lambda word : word in stop_words_obj['
        stop_words']
}

word_freqs_obj = {
    'freqs' : {},
    'increment_count' : lambda w : increment_count(word_freqs_obj,
        w),
    'sorted' : lambda : sorted(word_freqs_obj['freqs'].items(),
        key=operator.itemgetter(1), reverse=True)
}

data_storage_obj['init'](sys.argv[1])
stop_words_obj['init']()

for w in data_storage_obj['words']():
    if not stop_words_obj['is_stop_word'](w):
        word_freqs_obj['increment_count'](w)

word_freqs = word_freqs_obj['sorted']()
for (w, c) in word_freqs[0:25]:
    print(w, '-', c)
```

13.3 评注

这种风格对第 11 ～ 12 章中讲述的事物概念采取了另一种不同的观点。应用程序按照完全相同的方式划分成不同的功能部分。然而，这些事物（又名对象）变成了从键到值的简单映射。其中一些值是简单数据，而另一些是过程或函数。

我们来看一下本示例程序。示例程序使用与前两个示例程序基本相同的实体，但以非常不同的方式实现这些实体。从第 22 行开始，我们有自己的对象：

❑ data_storage_obj（第 22 ～ 26 行）模拟了数据存储，类似于我们之前看到的。这里我们有一个从关键词到值的字典（哈希映射）。第一项是 data 变量（第 23 行），用于保存输入文件中的单词。第二项是 init 函数（第 24 行），它是构造函数，即在调用字典的任何其他函数之前必须调用的函数——它只是调用 extract_words 过程（该过程负责解析文件，提取非停用词）。请注意，init 函数接收文件路径作为其输入参数。映射中的第三项是 words 变量（第 25 行），它映射到返回该对象 data 字段的函数。

❑ stop_words_obj（第 28 ～ 32 行）模拟了我们之前见过的停用词管理器（StopWordManager）。它的普通数据字段 stop_words（第 29 行）维护了一个停用词列表。它的 init 项是填充 stop_words 条目的构造函数。is_stop_word 是一个函数，如果给定的输入参数是停用词，则返回 True。

❑ word_freqs_obj（第 34 ～ 38 行）模拟了我们之前见过的词频计数器。freqs（第 35 行）维护了单词及词频的字典。increment_count 是更新 freqs 数据的过程。第三项 sorted 是一个函数，返回排完序的词频列表。

为了将这些映射视为对象，需要遵循许多约定。首先，这些对象中的字段是包含简单值的条目，而方法是包含函数的条目。构造函数是在任何其他条目被调用之前被调用的方法。还要注意，这些简单的对象以第三人称引用自己，而不是使用像 this 或 self 这样的自引用关键字——参见第 25 行。如果不引入自我引用的概念，这些映射相对于我们之前看到的关于对象的概念，更加不易于被理解。

示例程序的剩余部分在正确的时间索引正确的键。在第 40 ～ 41 行，我们初始化了 data_storage_obj 和 stop_words_obj。因为这些键保存过程（名字的）值，因此（...）语法[⊖]触发了（函数）调用。这些过程将读取输入文件和停用词文件，并将它们都解析到内存中。第 43 ～ 45 行循环遍历 data_storage_obj 中的单词，增加 word_freqs_obj 的计数。最后，请求排序后的列表（第 47 行）并打印它（第 48、49 行）。

闭映射（closed map）风格展示了一种基于对象的编程，也称为原型。这种 OOP 风格是没有类的：每个对象都独一无二。例如，JavaScript 的对象概念中便有这种风格。这种风格的对象有一些有趣的可能性，但也有一些缺点。

从积极的方面来说，基于现有对象实例化对象变得轻松，例如：

⊖ 例如第 40 行的 sys.argv[1]。——译者注

```
>>> data_storage_obj
{'init': <function <lambda> at 0x01E26A70>, 'data': [],
 'words': <function <lambda> at 0x01E26AB0>}
>>> ds2 = data_storage_obj.copy()
>>> ds2
{'init': <function <lambda> at 0x01E26A70>, 'data': [],
 'words': <function <lambda> at 0x01E26AB0>}
```

ds2 是那个时间点 data_storage_obj 的副本。从这里开始，这两个对象就相对独立了——尽管为了使它们真正地互相独立，必须要解决自我引用问题。不难想象应如何通过字典中另外的插槽在相关的对象之间创建关系链接。

随时扩展对象的功能也很简单：只需要向映射中添加更多键即可。当然，也可以删除键。

从消极的方面来说，它没有访问控制，因为所有的键都是可以访问的索引——没有隐藏的键。如何限制键的访问完全取决于程序员。此外，实现有用的代码重用概念（例如类、继承和委托等）需要额外的面向程序员的机制。

但这是一个非常简单的对象模型，当编程语言不支持更高级的对象概念时，这个模型可能会有用。

13.4 历史记录

对象作为原型的想法最早出现在 20 世纪 80 年代后期设计的语言 Self 中。Self 语言受 Smalltalk 语言的启发，但是由于使用原型而不是类，使用委托而不是继承，因此背离了 Smalltalk 语言特性。Self 语言还提出了对象由 "插槽"（slot）组成的想法。插槽是返回值的访问器方法。Self 没有使用这里描述的闭映射风格来表示对象，并且访问各种类型的插槽（简单的值和方法）是通过信箱风格的消息完成的。但是，通过键索引字典可以被看作向它发送消息的行为。

13.5 延伸阅读

Ungar, D. and Smith, R. (1987). Self: The power of simplicity. *OOPSLA '87.* Also in *Lisp and Symbolic Computation* 4(3).

概要：Self 是一种非常好的面向对象的编程语言，源于 Smalltalk，但它们之间有一些重要的区别。虽然它只是一个研究原型，但它加强了社区对对象的理解，并影响了 JavaScript 和 Ruby 等语言的发展。

13.6 词汇表

❑ **原型**：不支持类的面向对象语言中的对象。原型带有自己的数据和函数，可以随时更改而不影响其他对象。新原型可以通过复制现有原型创建。

13.7 练习

1. 用另一种语言实现示例程序，但风格不变。

2. 删除示例程序的最后三行，并将打印信息的行为替换为以下内容：向 word_freqs_obj 添加一个名为 top25 的新方法，它对 freqs 数据进行排序并打印最前面的 25 个条目。然后调用该方法。限制：本示例程序的第 46 行之前不能更改——更改内容应在该行之后。

3. 在示例程序中，原型对象没有使用 this 或 self 来引用自己，而是以第三人称引用自己——例如第 25 行的 data_storage_obj。给出通过自引用关键字 this 来实现闭映射风格的表达。例如，data_storage_object 的 words 方法可以像下面一样：'words': lambda : this['data']。

4. 在示例程序中，构造函数没有什么特别之处。用上一个问题创造的更丰富的对象表达在每一次对象被创建的时候执行构造函数。

5. 回到第 11 章的 info 方法。通过定义一个名为 tf_exercise 的映射来展示如何以闭映射风格重用和覆盖方法集合，该映射应包含一个通用的 info 方法，它将被示例程序（或你自己的版本）中所有的对象重用和覆盖。

6. 使用这种风格编写"导言"中提出的任务之一。

Chapter 14 第 14 章

抽象事物风格

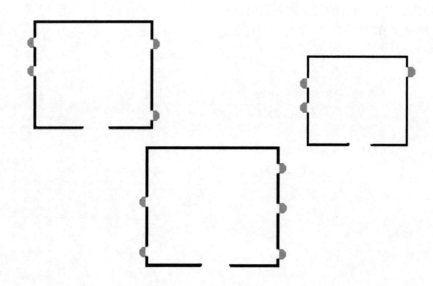

14.1 约束条件

- 较大的问题被分解为对问题域有意义的抽象事物。
- 每一个抽象事物都被描述为该抽象的事物最终可以执行的操作。
- 具体事物以某种方式被绑定到抽象，绑定的具体机制有所不同。
- 应用程序的其余部分使用这些事物，不是因为它们是什么，而是因为它们在抽象中做了什么。

14.2 此编程风格的程序

```python
#!/usr/bin/env python
import abc, sys, re, operator, string

#
# The abstract things
#
class IDataStorage (metaclass=abc.ABCMeta):
    """ Models the contents of the file """

    @abc.abstractmethod
    def words(self):
        """ Returns the words in storage """
        pass

class IStopWordFilter (metaclass=abc.ABCMeta):
    """ Models the stop word filter """

    @abc.abstractmethod
    def is_stop_word(self, word):
        """ Checks whether the given word is a stop word """
        pass

class IWordFrequencyCounter(metaclass=abc.ABCMeta):
    """ Keeps the word frequency data """

    @abc.abstractmethod
    def increment_count(self, word):
        """ Increments the count for the given word """
        pass

    @abc.abstractmethod
    def sorted(self):
        """ Returns the words and their frequencies, sorted by
            frequency"""
        pass

#
# The concrete things
#
class DataStorageManager:
    _data = ''
    def __init__(self, path_to_file):
        with open(path_to_file) as f:
            self._data = f.read()
        pattern = re.compile('[\W_]+')
        self._data = pattern.sub(' ', self._data).lower()
        self._data = ''.join(self._data).split()

    def words(self):
        return self._data

class StopWordManager:
    _stop_words = []
    def __init__(self):
```

```
54          with open('../stop_words.txt') as f:
55              self._stop_words = f.read().split(',')
56          self._stop_words.extend(list(string.ascii_lowercase))
57
58      def is_stop_word(self, word):
59          return word in self._stop_words
60
61  class WordFrequencyManager:
62      _word_freqs = {}
63
64      def increment_count(self, word):
65          if word in self._word_freqs:
66              self._word_freqs[word] += 1
67          else:
68              self._word_freqs[word] = 1
69
70      def sorted(self):
71          return sorted(self._word_freqs.items(), key=operator.
                itemgetter(1), reverse=True)
72
73
74  #
75  # The wiring between abstract things and concrete things
76  #
77  IDataStorage.register(subclass=DataStorageManager)
78  IStopWordFilter.register(subclass=StopWordManager)
79  IWordFrequencyCounter.register(subclass=WordFrequencyManager)
80
81  #
82  # The application object
83  #
84  class WordFrequencyController:
85      def __init__(self, path_to_file):
86          self._storage = DataStorageManager(path_to_file)
87          self._stop_word_manager = StopWordManager()
88          self._word_freq_counter = WordFrequencyManager()
89
90      def run(self):
91          for w in self._storage.words():
92              if not self._stop_word_manager.is_stop_word(w):
93                  self._word_freq_counter.increment_count(w)
94
95          word_freqs = self._word_freq_counter.sorted()
96          for (w, c) in word_freqs[0:25]:
97              print(w, '-', c)
98
99  #
100 # The main function
101 #
102 WordFrequencyController(sys.argv[1]).run()
```

14.3 评注

在这种风格中，问题首先被分解为一些对问题很重要的抽象数据的操作集合。这些抽象操作是根据它们的名称、它们接收的输入参数和返回值来定义的，名称、输入参数和返回值共同定义了抽象操作所建模的数据结构的访问方式。在第一阶段，没有具体的事物存在，只有抽象事物。应用程序中任何使用数据的部分只需要通过那些（数据相关）操作知道抽象定义。在第二阶段，提供具体的实现，并且将之与抽象的事物相关联。从调用者的角度来看，具体实现可以被替换为其他具体实现，只要它们提供相同的抽象操作即可。

抽象事物风格与事物风格有一些相似之处，并且在几种主流编程语言中，它们都共同存在。

本示例程序使用与事物风格示例程序中相同的实体：DataStorage 实体、StopWord 实体、WordFrequency 实体和启动这一切的 WordFrequencyController。但是三个主要数据结构以抽象事物的方式建模（第 7 ～ 34 行）。我们将 Python 的抽象基类（Abstract Base Class，ABC）工具作为定义这些抽象事物的机制。这里，总共定义了三个抽象基类：IDataStorage（第 7 ～ 13 行）、IStopWordFilter（第 15 ～ 21 行）和 IWordFrequencyCounter（第 23、34 行）。IDataStorage 提供了一个抽象操作 words（第 11 ～ 13 行）；IStopWordFilter 提供了一个抽象操作 is_stop_word（第 19 ～ 21 行）；IWordFrequencyCounter 提供了两个抽象操作，分别是 increment_count（第 27 ～ 29 行）和 sorted（第 32 ～ 34 行）。这些抽象事物的任何实现都必须提供这些操作的具体功能的实现。

具体实现见第 39 ～ 71 行。我们采用类作为实现可通过过程访问的具体数据结构的机制。这些类与事物风格示例程序中的类相完全同，因此无须解释。需要重点注意的是，在这个特定的实现中，类中没有任何内容将它们与上面定义的抽象基类相关联。它们与抽象基类之间的关联是通过抽象基类的 register 方法⊖动态完成的（第 77 ～ 79 行）。

抽象事物风格通常与强类型结合使用。例如，Java 和 C# 都通过接口概念支持抽象事物风格。在强类型语言中，抽象事物概念鼓励将 is-a 关系与具体代码重用分离的程序设计。接口用于强制执行预期的输入参数和返回值的类型，而无须使用具体实现（类）。

与静态类型语言相反，示例程序中没有检验实体是否属于某些抽象（或具体）类型，因为 Python 是动态类型化的。然而，以下装饰器（decorator）可用于在某些方法和构造函数调用中添加运行时类型检查机制：

```python
1  #
2  # Decorator for enforcing types of arguments in method calls
3  #
4  class AcceptTypes():
5      def __init__(self, *args):
6          self._args = args
7
8      def __call__(self, f):
9          def wrapped_f(*args):
10             for i in range(len(self._args)):
```

⊖ register 方法是 Python 中所有抽象基类都可用的方法，它可以动态地将抽象基类与其他类相关联。

```
11              if self._args[i] == 'primitive' and type(args[i
                    +1]) in (str, int, float, bool):
12                  continue
13              if not isinstance(args[i+1], globals()[self._args[
                    i]]):
14                  raise TypeError("Wrong type")
15
16          f(*args)
17      return wrapped_f
18
19  #
20  # Example of use
21  #
22  class DataStorageManager:
23      # Annotation for type checking
24      @AcceptTypes('primitive', 'IStopWordFilter')
25      def __init__(self, path_to_file, word_filter):
26          with open(path_to_file) as  f:
27              self._data = f.read()
28          self._stop_word_filter = word_filter
29          self.__filter_chars_normalize()
30          self.__scan()
31
32      def words(self):
33          return [w for w in self._data if not self.
                    _stop_word_filter.is_stop_word(w)]
34
35  ...
36
37  #
38  # The main function creates the objects
39  #
40  stop_word_manager = StopWordManager()
41  storage = DataStorageManager(sys.argv[1], stop_word_manager)
42  word_freq_counter = WordFrequencyManager()
43  WordFrequencyController(storage, word_freq_counter).run()
```

AcceptTypes 类（第 4 ～ 17 行）旨在被用作装饰器。在 Python 中，装饰器是一个类，其构造函数（__init__）和方法（__call__）在声明和调用它们所装饰的函数时自动被调用。装饰是通过特殊符号 @ 来完成的。

我们来看一下第 24 行，其中 AcceptTypes 装饰器被放置在 DataStorageManager 类的构造函数定义之前。由于第 24 行中的装饰器声明，当 Python 解释器第一次遇到第 25 行中的构造函数定义时，它会创建一个 AcceptTypes 类的实例并调用该实例的 __init__ 构造函数。在本例中，这个构造函数（第 5、6 行）只是简单地存储我们给它的参数声明——第一个参数是 primitive，第二个参数是 IStopWordFilter。之后，当在第 41 行创建 DataStorageManager 的实例时，就在该类的 __init__ 构造函数被实际调用之前，先调用装饰器 AcceptTypes 的 __call__ 方法（第 8 ～ 17 行）。在这种情况下，我们的方法检查提供给 DataStorageManager 构造函数的输入参数是否属于我们声明的类型。

14.4　系统设计中的此编程风格

抽象事物概念在大型系统设计中起着重要作用。使用可能由第三方开发的其他组件的软件组件，通常是根据这些（第三方定义的）组件的抽象定义而不是具体实现来设计的。这些抽象接口的实现因所涉及的编程语言的不同而不同。

适配器（adapter）设计模式是系统级实践中意图与抽象事物意图相同的一个例子。例如，使用蓝牙设备的应用程序可能会使用自己的适配器作为蓝牙功能的主要接口，以保护自己免受蓝牙 API 可变性的影响；支持物理设备的 3D 游戏可能希望使用自己的适配器来使用不同的物理引擎。这些适配器通常由一个接口或抽象类组成，然后由不同的具体类实现，每个具体类都经过定制以连接特定的第三方库。这样的适配器所起的作用与抽象事物风格在小规模程序设计中所起作用相同：它将应用程序的其余部分与所需功能的具体实现隔离开来。

14.5　历史记录

抽象事物编程风格在 20 世纪 70 年代初开始出现，大约与 OOP 语言设计同时出现。Barbara Liskov 的原始设计已经包括了参数化类型，即在内部使用将变量作为类型（例如 list<T> 中 T 可以是任意类型）的值的抽象数据类型。

许多现代编程语言都包含某种形式的抽象事物的概念。Java 和 C# 以接口的形式支持它们，可以在类型上参数化。Haskell 语言是一种强类型的纯函数式语言，它以类型（type）类的形式提供它们。C++ 有抽象类，它连同模板、C++ 标准模板库（Standard Template Library，STL）有效地模拟了参数化的抽象事物。

14.6　延伸阅读

Cook, W. (2009). On understanding data abstraction, revisited. *Proceedings of the Twenty-Fourth ACM SIGPLAN Conference on Object Oriented Programming Systems Languages and Applications* (OOPSLA '09). ACM, New York, pp. 557–572.

概要：与对象相关的概念太多，很容易混淆。William Cook 分析了对象和抽象数据类型之间微妙但重要的区别。

Liskov, B. and Zilles, S. (1974) Programming with abstract data types. *Proceedings of the ACM SIGPLAN Symposium on Very High Level Languages,* ACM, New York, pp. 50–59.

概要：抽象数据类型的原始描述，抽象数据类型是 Java 和 C# 接口的起源。

14.7　词汇表

- □ **抽象数据类型**：由它提供的操作抽象定义的实体。
- □ **装饰器**：在 Python 语言中，装饰器是同名的面向对象设计模式的语言对等词，旨在允许将行为添加到单独的对象。Python 装饰器允许我们在不更改源代码的前提下更改函数和方法。

14.8　练习

1. 用另一种语言实现示例程序，但风格不变。
2. 如果 WordFrequencyManager 的 sorted 方法被重命名为 sorted_freqs，会发生什么？请详细解释结果。
3. 使用本章介绍的装饰器来检查传递给某些构造函数和方法的参数类型。随意重构原始示例程序以使类型检查更有意义。提交两个版本的新程序，一个进行类型检查，一个未实现类型检查。
4. 引用示例的描述："在这个特定的实现中，类中没有任何内容将它们与上面定义的抽象基类相关联。它们与抽象基类之间的关联是通过抽象基类的 register 方法动态完成的。"请用不同的方式实现具体实现和抽象基类的关联。
5. 使用这种风格编写"导言"中提出的任务之一。

## 第 15 章

好莱坞风格

15.1 约束条件

- ❏ 较大的问题被分解为使用某种抽象（例如对象、模块或类似的东西）的实体。
- ❏ 实体永远不会被直接请求来执行具体的事情。
- ❏ 实体为其他实体提供接口，以便其他实体能够注册回调。
- ❏ 在计算的某些节点，实体调用已注册回调的其他实体。

15.2 此编程风格的程序

```python
1 #!/usr/bin/env python
2 import sys, re, operator, string
3
4 #
```

```python
 5  # The "I'll call you back" Word Frequency Framework
 6  #
 7  class WordFrequencyFramework:
 8      _load_event_handlers = []
 9      _dowork_event_handlers = []
10      _end_event_handlers = []
11
12      def register_for_load_event(self, handler):
13          self._load_event_handlers.append(handler)
14
15      def register_for_dowork_event(self, handler):
16          self._dowork_event_handlers.append(handler)
17
18      def register_for_end_event(self, handler):
19          self._end_event_handlers.append(handler)
20
21      def run(self, path_to_file):
22          for h in self._load_event_handlers:
23              h(path_to_file)
24          for h in self._dowork_event_handlers:
25              h()
26          for h in self._end_event_handlers:
27              h()
28
29  #
30  # The entities of the application
31  #
32  class DataStorage:
33      """ Models the contents of the file """
34      _data = ''
35      _stop_word_filter = None
36      _word_event_handlers = []
37
38      def __init__(self, wfapp, stop_word_filter):
39          self._stop_word_filter = stop_word_filter
40          wfapp.register_for_load_event(self.__load)
41          wfapp.register_for_dowork_event(self.__produce_words)
42
43      def __load(self, path_to_file):
44          with open(path_to_file) as f:
45              self._data = f.read()
46          pattern = re.compile('[\W_]+')
47          self._data = pattern.sub(' ', self._data).lower()
48
49      def __produce_words(self):
50          """ Iterates through the list words in storage
51              calling back handlers for words """
52          data_str = ''.join(self._data)
53          for w in data_str.split():
54              if not self._stop_word_filter.is_stop_word(w):
55                  for h in self._word_event_handlers:
56                      h(w)
57
58      def register_for_word_event(self, handler):
59          self._word_event_handlers.append(handler)
60
61  class StopWordFilter:
62      """ Models the stop word filter """
```

```
63      _stop_words = []
64      def __init__(self, wfapp):
65          wfapp.register_for_load_event(self.__load)
66
67      def __load(self, ignore):
68          with open('../stop_words.txt') as f:
69              self._stop_words = f.read().split(',')
70          # add single-letter words
71          self._stop_words.extend(list(string.ascii_lowercase))
72
73      def is_stop_word(self, word):
74          return word in self._stop_words
75
76  class WordFrequencyCounter:
77      """ Keeps the word frequency data """
78      _word_freqs = {}
79      def __init__(self, wfapp, data_storage):
80          data_storage.register_for_word_event(self.
81              __increment_count)
81          wfapp.register_for_end_event(self.__print_freqs)
82
83      def __increment_count(self, word):
84          if word in self._word_freqs:
85              self._word_freqs[word] += 1
86          else:
87              self._word_freqs[word] = 1
88
89      def __print_freqs(self):
90          word_freqs = sorted(self._word_freqs.items(), key=operator
                  .itemgetter(1), reverse=True)
91          for (w, c) in word_freqs[0:25]:
92              print(w, '-', c)
93
94  #
95  # The main function
96  #
97  wfapp = WordFrequencyFramework()
98  stop_word_filter = StopWordFilter(wfapp)
99  data_storage = DataStorage(wfapp, stop_word_filter)
100 word_freq_counter = WordFrequencyCounter(wfapp, data_storage)
101 wfapp.run(sys.argv[1])
```

15.3 评注

这种风格与之前的风格的不同之处在于它使用了控制反转：实体 e_1 不是为了获取某些信息而调用另一个实体 e_2，而是向 e_2 注册回调，然后 e_2 稍后回调 e_1。

本示例程序的实体划分类似于以前的风格：一个用于处理数据存储的实体（DataStorage，第 32 ~ 59 行）、一个用于处理停用词的实体（StopWordFilter，第 61 ~ 74 行），以及另一个用于管理单词－词频对的实体（WordFrequencyCounter，第 76 ~ 92 行）。此外，我们定义了一个 WordFrequencyFramework 实体（第 7 ~ 27 行），它负责编排程序的执行。

我们从 WordFrequencyFramework 开始分析。这个类提供了三个注册方法和负责执行程序的 run 方法。run 方法（第 21 ～ 27 行）讲述了这个类的"故事"：应用程序被分解为三个阶段，即加载（load）阶段、工作（dowork）阶段和结束（end）阶段，应用程序的其他实体分别注册为每个阶段的回调，方法是调用 register_for_load_event（第12、13 行）、register_for_dowork_event（第 15、16 行）和 register_for_end_event（第 18、19 行）。

然后，run 过程会在恰当的时间调用相应的 handler 函数。形象地说，WordFrequency-Framework 就像一个木偶大师，在下面的应用程序对象上拉动绳索，让它们在特定时间执行它们必须执行的操作。

接下来，我们来看这三个应用程序类，以及它们如何使用 WordFrequencyFramework 及彼此的。

与前面的示例程序一样，DataStorage 类对输入数据进行建模。按照此示例的设计方式，此类会生成其他实体能够注册的单词事件。因此，它提供了事件注册方法 register_for_word_event（第 58、59 行）。除此之外，这个类的构造函数（第 38 ～ 41 行）获得 StopWordFilter 对象（稍后会详细介绍）的引用，然后向WordFrequencyFramework 注册两个事件：load 和 dowork。在 load 事件中，此类打开输入文件并读取全部内容，过滤字符并将它们规范化为小写（第 43 ～ 47 行）；在dowork 事件中，此类将数据拆分为单词（第 53 行），然后，对于每个非停用词，它调用已注册单词事件的实体的处理程序（第 53 ～ 56 行）。

StopWordFilter 的构造函数（第 64、65 行）向 WordFrequencyFramework 注册 load 事件。当该处理程序被回调时，它只是打开停用词文件并生成所有停用词的列表（第 67 ～ 71 行）。这个类公开了可以被其他类调用的方法 is_stop_word（第 73、74行）——在本例中，该方法会在 DataStorage 迭代访问从输入文件获取的单词列表时被调用（第 54 行）。

WordFrequencyCounter 类保存单词–词频对。它的构造函数（第 79 ～ 81 行）获取 DataStorage 实体的引用，并为其注册一个单词事件处理程序（第 80 行）——请记住，DataStorage 会在第 55、56 行回调这些处理程序。然后，它向 WordFrequencyFramework注册 end 事件。当调用该处理程序时，它会在屏幕上打印信息（第 89 ～ 92 行）。

我们回到 WordFrequencyFramework。如前所述，这个类就像一个木偶大师。它的 run 方法简单地调用已经为应用程序的三个阶段（load、dowork 和 end）注册的处理程序。在我们的例子中，DataStorage 和 StopWordFilter 都被注册在 load 阶段（分别在第 40 行和第 65 行），因此它们的处理程序在第 22、23 行代码被执行时被调用；只有DataStorage 被注册在 dowork 阶段（第 41 行），因此当第 24、25 行代码被执行时，它定义在第 49 ～ 56 行的处理程序才被调用；最后，只有 WordFrequencyCounter 被注册在 end 阶段（第 81 行），因而它定义在第 89 ～ 92 行的处理程序在第 26、27 行代码被执行时被调用。

好莱坞风格的编程看起来相当做作，但却有一个有趣的特性：它不是在程序的特定点将调用者和被调用者明确绑定（即函数调用，绑定是通过命名函数完成的），相反，它允许在由被调用者确定的时间点由被调用者触发调用者中的一系列操作。这样的风格能够支持不同类型的模块组合，因为许多不同的模块能够为同一个事件注册处理程序。

这种风格在许多面向对象的框架中使用，因为它是框架型代码在任意应用中触发操作的强大机制。控制反转正是使框架不同于常规库的原因。然而，应该小心使用好莱坞风格，因为它可能导致代码极难理解。我们将在后续章节中看到这种风格的变体。

15.4 系统设计中的此编程风格

控制反转是分布式系统设计中的一个重要概念。当某些特定情况发生时，网络中一个节点上的组件要求另一个节点上的另一个组件进行回调，而不是第一个组件定期轮询第二个组件，这有时候很有效。极端地说，这个概念可导致事件驱动的架构（见第 16 章）。

15.5 历史记录

好莱坞风格起源于异步硬件中断。在操作系统设计中，中断处理程序在确保不同层之间的分离方面发挥着关键作用。从示例程序中可以看出，好莱坞风格不需要异步性，尽管回调可以是异步的。

在 20 世纪 80 年代 Smalltalk 语言和用户图形界面的大背景下，这种风格在应用软件中获得了关注。

15.6 延伸阅读

Johnson, R. and Foote, B. (1988). Designing reusable classes. *Journal of Object-Oriented Programming* 1(2): 22–35.

概要：关于控制反转思想的第一份书面说明，它出现在 Smalltalk 语言的背景下。

Fowler, M. (2005). InversionOfControl. Blog post at: http://martinfowler.com/bliki/InversionOfControl.html

概要：Martin Fowler 对控制反转进行了简短而生动的描述。

15.7 词汇表

❑ **控制反转**：任何支持由通用库或组件调用单独开发的代码的技术。

    ❏ **框架**：一种特殊的库或可重用组件，它提供通用的应用程序功能，可以使用额外的用户编写的代码进行定制。

    ❏ **处理程序**：稍后要回调的函数。

15.8　练习

1. 用另一种语言实现示例程序，但风格不变。

2. 更改给定的示例程序，使其执行一项附加任务：在打印前 25 个单词的列表后，打印带有字母 z 的非停用词的数量。附加限制：(i) 不应对现有类进行任何更改，允许添加新类和向 main 函数添加更多代码行；(ii) 对于词频任务和“带 z 的单词统计”任务，文件应该只被读取一次。

3. 考虑所有以前的风格。对于每一种风格，尝试实现附加的“带 z 的单词统计”任务，同时遵守上述约束条件。如果你能做到，请展示代码；如果不能，请解释你认为无法完成的原因。

4. 使用这种风格编写“导言”中提出的任务之一。

第 16 章 *Chapter 16*

公告板风格

16.1 约束条件

❏ 较大的问题被分解为使用某种抽象（例如对象、模块或类似的东西）的实体。

❏ 实体永远不会被直接请求来执行具体的事情。

❏ 存在用于发布和订阅事件的基础设施，即公告板。

❏ 实体将事件订阅发布到公告板，也将事件发布到公告板。公告板基础设施负责所有的事件管理和分发。

16.2 此编程风格的程序

```python
#!/usr/bin/env python
import sys, re, operator, string

#
# The event management substrate
#
class EventManager:
    def __init__(self):
        self._subscriptions = {}

    def subscribe(self, event_type, handler):
        if event_type in self._subscriptions:
            self._subscriptions[event_type].append(handler)
        else:
            self._subscriptions[event_type] = [handler]

    def publish(self, event):
        event_type = event[0]
        if event_type in self._subscriptions:
            for h in self._subscriptions[event_type]:
                h(event)

#
# The application entities
#
class DataStorage:
    """ Models the contents of the file """
    def __init__(self, event_manager):
        self._event_manager = event_manager
        self._event_manager.subscribe('load', self.load)
        self._event_manager.subscribe('start', self.produce_words)

    def load(self, event):
        path_to_file = event[1]
        with open(path_to_file) as f:
            self._data = f.read()
        pattern = re.compile('[\W_]+')
        self._data = pattern.sub(' ', self._data).lower()

    def produce_words(self, event):
        data_str = ''.join(self._data)
        for w in data_str.split():
            self._event_manager.publish(('word', w))
        self._event_manager.publish(('eof', None))

class StopWordFilter:
    """ Models the stop word filter """
    def __init__(self, event_manager):
        self._stop_words = []
        self._event_manager = event_manager
        self._event_manager.subscribe('load', self.load)
        self._event_manager.subscribe('word', self.is_stop_word)

    def load(self, event):
        with open('../stop_words.txt') as f:
```

```
56                  self._stop_words = f.read().split(',')
57                  self._stop_words.extend(list(string.ascii_lowercase))
58
59      def is_stop_word(self, event):
60          word = event[1]
61          if word not in self._stop_words:
62              self._event_manager.publish(('valid_word', word))
63
64  class WordFrequencyCounter:
65      """ Keeps the word frequency data """
66      def __init__(self, event_manager):
67          self._word_freqs = {}
68          self._event_manager = event_manager
69          self._event_manager.subscribe('valid_word', self.
                  increment_count)
70          self._event_manager.subscribe('print', self.print_freqs)
71
72      def increment_count(self, event):
73          word = event[1]
74          if word in self._word_freqs:
75              self._word_freqs[word] += 1
76          else:
77              self._word_freqs[word] = 1
78
79      def print_freqs(self, event):
80          word_freqs = sorted(self._word_freqs.items(), key=operator
                  .itemgetter(1), reverse=True)
81          for (w, c) in word_freqs[0:25]:
82              print(w, '-', c)
83
84  class WordFrequencyApplication:
85      def __init__(self, event_manager):
86          self._event_manager = event_manager
87          self._event_manager.subscribe('run', self.run)
88          self._event_manager.subscribe('eof', self.stop)
89
90      def run(self, event):
91          path_to_file = event[1]
92          self._event_manager.publish(('load', path_to_file))
93          self._event_manager.publish(('start', None))
94
95      def stop(self, event):
96          self._event_manager.publish(('print', None))
97
98  #
99  # The main function
100 #
101 em = EventManager()
102 DataStorage(em), StopWordFilter(em), WordFrequencyCounter(em)
103 WordFrequencyApplication(em)
104 em.publish(('run', sys.argv[1]))
```

16.3 评注

此风格是前一种风格的逻辑终点，其中组件之间从不直接相互调用。此外，将实体关联起来的基础设置将变得更加通用：不再有特定于应用程序的语义，而只有两种通用的操作：发布事件和订阅某个事件类型。

示例程序定义了一个实现通用公告板概念的 EventManager 类（第 7～21 行）。这个类封装了一个订阅字典（第 9 行），并且有两个方法：

❑ subscribe 方法（第 11～15 行）接受事件类型和处理程序作为输入参数，并以事件类型作为键将处理程序添加到订阅字典。

❑ publish 方法（第 17～21 行）接受事件作为输入参数，事件可能是一个复杂的数据结构。在我们的例子中，假设这个数据结构的第一个位置是事件类型（第 18 行）。然后，它继续调用已经为该事件类型注册的所有处理程序（第 19～21 行）。

本示例程序的实体与之前风格的类似，分别包含数据存储（第 26～44 行）、停用词过滤器（第 46～62 行）和词频计数器（第 64～82 行）实体。此外，WordFrequency Application 类（第 84～96 行）启动和结束词频应用程序。这些类通过 EventManager 的请求事件通知和发布它们自己的事件来相互交互。这些类或多或少地安排在事件流水线中，如下所示：

应用程序从生成 run 事件（第 104 行）的 main 函数开始执行，该事件由 WordFrequency Application 处理（第 87 行）。作为对 run 事件反应的一部分，WordFrequencyApplication 首先触发 load 事件（第 92 行），该事件在 DataStorage（第 30 行）和 StopWordFilter（第 51 行）中都有操作，这些操作导致文件被读取和处理。然后，它触发在 DataStorage（第 31 行）中有操作的 start 事件（第 93 行），这些操作导致对单词进行迭代访问。从那时起，对于每个单词，DataStorage 触发 word 事件（第 43 行），这些事件在 StopWordFilter（第 52 行）中有操作；反过来，对于非停用词，StopWordFilter 触发 valid_word 事件（第 62 行），这些事件在 WordFrequencyCounter（第 69 行）中有操作，这些操作导致计数器递增。当没有更多的单词时，DataStorage 触发 eof 事件（第 44 行），该事件在 WordFrequencyApplication（第 88 行）中有操作，这些操作导致最终信息被打印在屏幕上。

在示例程序中，事件通过元组实现，事件类型以字符串形式放在第一个位置，附加参数作为元组的后续元素。因此，main 函数生成的 run 事件（第 104 行）是（'run'，sys.argv[1]），DataStorage 生成的 word 事件（第 43 行）是（'word'，w）。

公告板风格通常与异步组件一起使用，但正如此处所见，这不是必需的。处理事件的基础设施可能像此处显示的一样简单，也可能更复杂——有多个组件交互以分发事件。基础设施也可能包括更复杂的事件结构，支持更详细的事件过滤——例如，组件可以同时订阅事件类型和内容，而不是如此处所示的简单订阅事件类型。

与前一种风格一样，公告板风格也支持控制反转，但采取了最极端且最简单的形式——系统中某些组件生成的事件可能会导致系统其他组件发生操作。订阅是匿名的，因此原则上，生成事件的组件不知道将要处理该事件的所有组件。这种风格支持非常灵活的实体组合机制（通过事件），但是，和前一种风格一样，在某些情况下它可能导致系统的错误行为难以追踪。

16.4 系统设计中的此编程风格

这种风格最适合作为分布式系统的架构，称为发布－订阅架构。发布－订阅架构在拥有大型计算基础设施的公司中很受欢迎，因为它们具有很强的可扩展性并支持不可预见的系统演化——可以轻松添加和删除组件，可以分发新类型的事件等。

16.5 历史记录

从历史上看，这种编程风格可以追溯到 20 世纪 70 年代后期开发的分布式新闻系统 USENET。USENET 确实是第一个电子公告板，用户可以通过订阅特定的新闻频道来发表（发布）和阅读文章。与许多现代的发布－订阅系统不同，USENET 是真正分布式的，因为没有用于管理新闻的中央服务器，相反，该系统由松散连接的新闻服务器组成，这些服务器可以由不同的组织托管，并在它们之间分发用户的帖子。

USENET 是一种特殊的分布式系统——用于分享用户生成的新闻。随着 Web 的出现，USENET 变得越来越不流行，但是这个概念在 RSS 中有了第二次生命，RSS 是一种使 Web 内容的发布者能够通知订阅者该内容的协议。

多年来，公告板的概念已经在许多其他领域得到应用。在 20 世纪 90 年代，人们在将这个概念推广到各种分布式系统基础设施方面做了大量工作。

16.6 延伸阅读

Oki, B., Pfluegl, M., Siegel, A. and Skeen, D. (1993). The Information Bus: An architecture for extensible systems. *ACM SIGOPS* 27(5): 58–68.

概要：关于发布－订阅概念的最早书面记录之一。

Truscott, T. (1979). Invitation to a General Access UNIX* Network. Fax of first official announcement of the USENET. Available at http://www.newsdemon.com/first-official-announcement-usenet.php

概要：早在 Facebook 和 Hacker News 出现之前，就有了 USENET 及其许多供人们订阅和发布的新闻组。USENET 是最终的电子公告板。

16.7 词汇表

❑ **事件**：组件在某个时间点产生的一种数据结构，意在分发给等待它的其他组件。

❑ **发布**：事件分发基础设施提供的一种操作，允许组件将事件分发给其他组件。

❑ **订阅**：事件分发基础设施提供的一种操作，允许组件表达它们对特定类型事件的兴趣。

16.8 练习

1. 用另一种语言实现示例程序，但风格不变。

2. 更改给定的示例程序，使其执行一项附加任务：在打印前 25 个单词的列表后，打印带有字母 z 的非停用词的数量。附加限制：(i) 不应对现有类进行任何更改，允许添加新类并向 main 函数添加更多代码行；(ii) 对于词频任务和"带 z 的单词统计"任务，文件只能被读取一次。

3. 发布–订阅架构通常也支持取消订阅事件类型的概念。更改示例程序，使 EventManager 支持 unsubscribe 操作。让组件在适当的时候取消订阅事件类型。证明你的退订机制正常工作。

4. 使用这种风格编写"导言"中提出的任务之一。

反射和元编程

我们已经看到了使用函数、过程和对象的编程风格，我们也看到函数和对象可以被传递并存储在变量中，作为常规数据值。然而，这些程序是盲目的工具：我们看到它们，它们通过输入／输出与我们交互，但它们看不到自己。这一部分包含一些与计算反射和元编程相关的编程风格。反射指程序以某种方式意识到自己。元编程指程序在执行时能够访问甚至更改自身的编程。除了其奇怪的吸引力之外，元编程对于随时间演变的工程软件系统也非常有用。

　　反射属于编程概念的范畴，它们本身就很强大，因此使用它的时候应该非常小心。但是，如果没有它，许多现代组合技术将无法实现。

## 第 17 章

自省风格

17.1 约束条件

❑ 通过某种形式的抽象（过程、函数、对象等）拆解问题。

❑ 抽象可以获取关于自己和其他抽象的信息，但它们不能修改这些信息。

17.2　此编程风格的程序

```python
#!/usr/bin/env python
import sys, re, operator, string, inspect

def read_stop_words():
    """ This function can only be called from a function
        named extract_words."""
    # Meta-level data: inspect.stack()
    if inspect.stack()[1][3] != 'extract_words':
        return None

    with open('../stop_words.txt') as f:
        stop_words = f.read().split(',')
    stop_words.extend(list(string.ascii_lowercase))
    return stop_words

def extract_words(path_to_file):
    # Meta-level data: locals()
    with open(locals()['path_to_file']) as f:
        str_data = f.read()
    pattern = re.compile('[\W_]+')
    word_list = pattern.sub(' ', str_data).lower().split()
    stop_words = read_stop_words()
    return [w for w in word_list if not w in stop_words]

def frequencies(word_list):
    # Meta-level data: locals()
    word_freqs = {}
    for w in locals()['word_list']:
        if w in word_freqs:
            word_freqs[w] += 1
        else:
            word_freqs[w] = 1
    return word_freqs

def sort(word_freq):
    # Meta-level data: locals()
    return sorted(locals()['word_freq'].items(), key=operator.
        itemgetter(1), reverse=True)

def main():
    word_freqs = sort(frequencies(extract_words(sys.argv[1])))
    for (w, c) in word_freqs[0:25]:
        print(w, '-', c)

if __name__ == "__main__":
    main()
```

17.3　评注

计算反射的第一阶段要求程序能够访问关于它们自己的信息。程序访问自身信息的能力称为自省（introspection）。并非所有编程语言都支持自省功能，但有些语言支持。Python、Java、C#、Ruby、JavaScript 和 PHP 都支持自省功能，C 和 C++ 不支持自省功能。

示例程序仅使用少量自省就足以说明其主要概念。第一次遇到自省功能是在第 8 行：read_stop_words 函数检查调用它的函数是哪个，并且除了函数 extract_words，对其他所有调用它的函数，都返回空。对于这个函数来说，这是一个有点苛刻的先决条件，但在某些情况下检查调用者是谁可能是有意义的，而且它只能通过将调用栈暴露给程序的语言来实现。此处，通过检查调用栈（inspect.stack()）、访问前一个栈元素（[1]，其中 [0] 是当前栈元素）以及访问它的第三个元素（即函数名）来确定调用者。

其他自省情况都是相同的：通过自省运行时结构 locals() 访问传递给函数的输入参数——参见第 18、28、37 行。通常，输入参数直接通过名称引用，例如，在第 18 行中，通常会这样写：

```
def extract_words(path_to_file):
  with open(path_to_file) as f:
    ...
```

相反，我们通过 locals()['path_to_file'] 访问它。在 Python 中，locals() 是一个函数，它返回表示当前本地符号表的字典变量。我们可以遍历此符号表以找出函数可用的所有局部变量。代码中使用它的情况并不少见，例如：

```
def f(a, b):
  print "a is %(a)s, b is %(b)s" % locals()
```

其中，字符串中的 a 和 b 作为访问局部变量字典的索引。

Python 具有强大的自省函数，有些是内置的（例如 callable，它检查给定值是否为可调用的实体，如函数），有些则由模块（例如 inspect 模块）提供。其他支持自省功能的语言也提供了类似的功能，虽然 API 完全不同。这些功能为程序设计打开了一扇全新的大门，即程序可以把自身考虑在内。

17.4 系统设计中的此编程风格

在合理的情况下谨慎使用时，访问程序的内部结构以获得额外的上下文可以以相对较低的编程复杂性实现强大的行为。然而，自省的使用给程序额外增加了间接性，这并不总是令人满意的，并且可能使程序难以理解。应该尽量避免使用自省功能，除非其他方案更糟。

17.5 词汇表

❑ **自省**：程序访问自身信息的能力。

17.6 练习

1. 用另一种语言实现示例程序，但风格不变。

2. 更改示例程序，使其在每个函数的开头打印以下信息：

```
My name is <function name>
   my locals are <k1=v1, k2=v2, k3=v3, ...>
   and I'm being called from  <name of
   caller function>
```

　　附加限制：以上消息应该在调用不带输入参数的 `print_info()` 函数时打印出来，例如：

```
def read_stop_words():
  print_info()
  ...
```

3. 回到第 11 章和第 12 章。对于其中一章，使用 Python 示例代码或你自己的另一种语言版本，在程序末尾添加代码，使用该语言的自省功能迭代访问程序的类。在每次迭代中，新代码都应该打印类的名称和方法的名称。

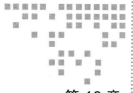

反射风格

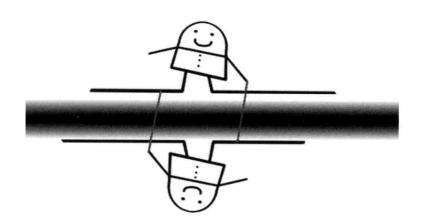

18.1 约束条件

❑ 程序可以获取自身的信息,即有自省功能。

❑ 程序可以自我修改——如在运行时添加更多的抽象、变量等。

18.2 此编程风格的程序

```python
1  #!/usr/bin/env python
2  import sys, re, operator, string, os
3
4  #
```

```
 5  # Two down-to-earth things
 6  #
 7  stops = set(open("../stop_words.txt").read().split(",")) + list(
        string.ascii_lowercase))
 8
 9  def frequencies_imp(word_list):
10      word_freqs = {}
11      for w in word_list:
12          if w in word_freqs:
13              word_freqs[w] += 1
14          else:
15              word_freqs[w] = 1
16      return word_freqs
17
18  #
19  # Let's write our functions as strings.
20  #
21  if len(sys.argv) > 1:
22      extract_words_func = "lambda name : [x.lower() for x in re.
            split('[^a-zA-Z]+', open(name).read()) if len(x) > 0 and x
            .lower() not in stops]"
23      frequencies_func = "lambda wl : frequencies_imp(wl)"
24      sort_func = "lambda word_freq: sorted(word_freq.items(), key=
            operator.itemgetter(1), reverse=True)"
25      filename = sys.argv[1]
26  else:
27      extract_words_func = "lambda x: []"
28      frequencies_func = "lambda x: []"
29      sort_func = "lambda x: []"
30      filename = os.path.basename(__file__)
31  #
32  # So far, this program isn't much about term-frequency. It's about
33  # a bunch of strings that look like functions.
34  # Let's add our functions to the "base" program, dynamically.
35  #
36  exec('extract_words = ' + extract_words_func)
37  exec('frequencies = ' + frequencies_func)
38  exec('sort = ' + sort_func)
39
40  #
41  # The main function. This would work just fine:
42  #   word_freqs = sort(frequencies(extract_words(filename)))
43  #
44  word_freqs = locals()['sort'](locals()['frequencies'](locals()['
        extract_words'](filename)))
45
46  for (w, c) in word_freqs[0:25]:
47      print(w, '-', c)
```

18.3 评注

　　计算反射的第二个阶段（也是最后一个阶段）要求程序能够自我修改。程序检查和修改自身的能力称为反射。这是一个比自省更强大的命题，因此，在所有支持自省功能的语言中，只有一小部分支持全反射。Ruby 是支持全反射的语言之一，Python 和 JavaScript 部分支持它，Java 和 C# 仅支持一小部分反射操作。

该示例程序使用了 Python 的一些反射功能。该程序首先以正常方式读取停用词文件（第 7 行），然后定义计算单词出现次数的常规函数，在 Python 中，这太笨拙了，以致不能通过反射的方式实现（第 7 ～ 16 行）。

接下来，定义了主要的程序功能（第 21 ～ 30 行）。但是，我们没有使用普通的函数来定义它们，而是在元级别定义了它们：在元级别，我们将匿名函数表示为字符串。这些是惰性（未评估的）程序片段，就像它变得懒惰一样：未处理的字符串的内容恰好是 Python 代码。

更重要的是，这些字符串化函数的内容取决于用户是否提供了输入文件作为程序的输入参数。如果有输入参数，函数会做一些有用的事情（第 21 ～ 24 行）；如果没有，函数什么也不做，只返回空列表（第 26 ～ 29 行）。

我们来看第 22 ～ 24 行中定义的三个函数：

❏ 在第 22 行中，我们有一个从文件中提取单词的函数的元级别定义。文件名是其唯一输入参数 name。

❏ 在第 23 行中，我们有一个计算给定单词列表的单词出现次数的函数的元级别定义。在本例中，它只调用第 9 ～ 16 行中定义的基本函数。

❏ 在第 24 行中，我们有一个对词频字典进行排序的函数的元级别定义。

至此，程序中存在的所有内容是：（1）第 7 行定义的 stops 变量；（2）第 9 ～ 16 行定义的 frequencies_imp 函数；（3）三个变量 extract_words_func、frequencies_func 和 sort_func，它们保留字符串——根据是否有输入参数这些字符串会有所不同。

接下来的三行（第 36 ～ 38 行）是有效地使程序改变自身的部分。exec 是 Python 语句，用于支持动态执行 Python 代码⊖。任何作为参数（字符串）给出的内容都被假定为 Python 代码。在这个例子中，我们以 *a=b* 的形式提供赋值语句，其中 *a* 是一个名称（extract_words、frequencies 和 sort），*b* 是绑定到第 21 ～ 30 行中定义的字符串化函数的变量。因此，第 37 行中的完整语句是

```
exec('frequencies = lambda wl : frequencies_imp(wl)')
```

或

```
exec('frequencies = lambda x : []')
```

具体取决于是否给程序提供了输入参数。

exec 首先接受参数，接着解析代码，如果有语法错误，则抛出异常，如果没有语法错误，则执行它。执行第 38 行后，程序将包含 3 个额外的函数变量，其值取决于输入参数是否存在。

最后，第 46 行调用这些函数。正如在第 41 ～ 43 行的注释中所述，这是一种有点做作

⊖ 其他语言（例如 Scheme 和 JavaScript）通过 eval 提供了类似的功能。

的函数调用形式，这样做只是为了说明通过本地符号表查找函数的情形。

　　读者应该对如下代码感到困惑：为什么第 21～30 行将函数定义为字符串，第 36～38 行通过 exec 使它们被运行时加载。毕竟，我们可以这样做：

```
 1  if len(sys.argv) > 1:
 2      extract_words = lambda name : [x.lower() for x in re.split('[^
        a-zA-Z]+', open(name).read()) if len(x) > 0 and x.lower()
        not in stops]
 3      frequencies = lambda word_list : frequencies_imp(word_list)
 4      sort = lambda word_freq: sorted(word_freq.iteritems(), key=
        operator.itemgetter(1), reverse=True)
 5      filename = sys.argv[1]
 6  else:
 7      extract_words = lambda x: []
 8      frequencies = lambda x: []
 9      sort = lambda x: []
10      filename = os.path.basename(__file__)
```

　　Python 是一种具有高阶函数的动态语言，它支持函数的动态定义，如上所述。这将实现如下目标：根据是否存在输入参数而具有不同函数定义，与此同时，又完全避免了反射（exec 等）。

18.4　系统设计中的此编程风格

　　事实上，这个示例程序有点做作并且引出了一个问题：什么时候才需要反射功能？

　　通常，当无法在设计程序时预测未来修改程序的方式时，就需要反射功能。例如，考虑以下情况：示例程序中 extract_words 函数的具体实现将由用户提供的外部文件给出。在那种情况下，示例程序的设计者将无法预先定义函数，唯一的解决方案是将函数视为字符串并在运行时通过反射功能加载它。我们的示例程序没有考虑到这种情况，因此这里使用反射是有问题的。接下来的两章将介绍两个反射的例子，它们被用于非常好的目的，并且没有它就无法实现。

18.5　历史记录

　　早在被引入编程之前，反射就在哲学中被研究了并在逻辑方面被形式化了。计算反射出现在 20 世纪 70 年代的 LISP 领域。反射在 LISP 社区中的出现是人工智能领域早期研究的自然结果。在最初的几年里，人工智能相关研究与 LISP 紧密结合。当时，人们认为任何要变得智能的系统都需要获得对自我的认知——因此人们努力将这种对自我的认知在编程模型中形式化。这些想法影响了 20 世纪 80 年代 Smalltalk 语言的设计，Smalltalk 从一开始就支持反射功能。Smalltalk 语言继续影响着所有 OOP 语言，因此反射概念很早就被引入了 OOP 语言。在 20 世纪 90 年代，随着人工智能领域研究从 LISP 转向新的方向，而 LISP

社区继续在反射方面进行研究。这项研究的巅峰之作是通用 LISP 对象系统（Common LISP Object System，CLOS）中的元对象协议（MetaObject Protocol，MOP）。软件工程社区注意到了这一点，在整个 20 世纪 90 年代，人们在理解反射及其实际好处方面做了大量工作。很明显，处理不可预测的变化的能力非常有用，但同时也很危险，需要通过定义适当的 API 来达到某种平衡。这些想法适用于自 20 世纪 90 年代以来设计的所有主要编程语言。

18.6　延伸阅读

Demers, F.-N. and Malenfant, J. (1995). Reflection in logic, functional and object-oriented programming: a short comparative study. *IJCAI'95 Workshop on Reflection and Metalevel Architectures and Their Applications in AI.*

概要：对各种语言的计算反射的一个很好的回顾性概述。

Kiczales, G., des Riviere, J. and Bobrow, D. (1991). *The Art of the Metaobject Protocol.* MIT Press. 345 pages.

概要：通用 LISP 对象系统包括强大的反射和元编程工具。这本书解释了如何使对象和它们的元对象在 CLOS 中协同工作。

Maes, P. (1987). Concepts and Experiments in Computational Reflection. *Object-Oriented Programming Systems, Languages and Applications (OOPSLA'87).*

概要：Patti Maes 将 Brian Smith 的思想引入了面向对象语言。

Smith, B. (1984). Reflection and Semantics in LISP. *ACM SIGPLAN Symposium on Principles of Programming Languages (POPL'84).*

概要：Brian Smith 是第一个提出计算反射的人。他是在 LISP 背景下提出的。这是原始论文。

18.7　词汇表

❑ **计算反射**：程序访问自身信息和修改自己的能力。

❑ **eval**：一个函数或语句，由多种编程语言提供，用于评估假定为程序表示的引用值（例如字符串）。`eval` 是许多编程语言背后的元循环解释器的两个基础部分之一，另一个是 `apply`。任何向程序员公开 `eval` 的编程语言都支持反射功能。然而，`eval` 过于强大，通常被认为是有害的。计算反射的研究重点是如何驯服 `eval`。

18.8　练习

1. 用另一种语言实现示例程序，但风格不变。

2. 修改示例程序，使 extract_words 的实现由文件给出。命令行界面应该是：

```
$ python tf-16-1.py ../pride-and-prejudice.txt ext1.py
```

提供该函数的至少两个替代实现（即两个文件），以使程序正常运行。

3. 示例程序没有使用反射功能来读取停用词（第 7 行）和计算单词出现次数（第 9～16 行）。修改程序，使其使用反射功能来完成这些任务。如果做不到，请解释阻碍是什么。

4. 使用这种风格编写"导言"中提出的任务之一。

切 面 风 格

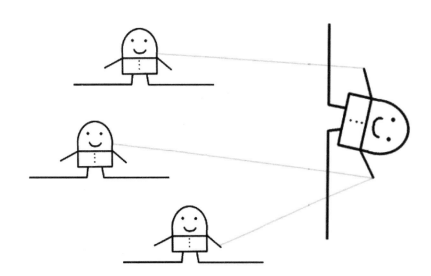

19.1　约束条件

❑ 通过某种形式的抽象（过程、函数、对象等）拆解问题。

❑ 将问题的各个切面（aspect）添加到主程序中，而无须对抽象的源代码或使用它们的代码段进行任何编辑。

❑ 使用外部绑定机制将抽象与各个切面绑定。

19.2　此编程风格的程序

```python
#!/usr/bin/env python
import sys, re, operator, string, time

#
# The functions
#
def extract_words(path_to_file):
    with open(path_to_file) as f:
        str_data = f.read()
    pattern = re.compile('[\W_]+')
    word_list = pattern.sub(' ', str_data).lower().split()
    with open('../stop_words.txt') as f:
        stop_words = f.read().split(',')
    stop_words.extend(list(string.ascii_lowercase))
    return [w for w in word_list if not w in stop_words]

def frequencies(word_list):
    word_freqs = {}
    for w in word_list:
        if w in word_freqs:
            word_freqs[w] += 1
        else:
            word_freqs[w] = 1
    return word_freqs

def sort(word_freq):
    return sorted(word_freq.items(), key=operator.itemgetter(1),
        reverse=True)

# The side functionality
def profile(f):
    def profilewrapper(*arg, **kw):
        start_time = time.time()
        ret_value = f(*arg, **kw)
        elapsed = time.time() - start_time
        print("%s(...) took %s secs" % (f.__name__, elapsed))
        return ret_value
    return profilewrapper

# join points
tracked_functions = [extract_words, frequencies, sort]
# weaver
for func in tracked_functions:
    globals()[func.__name__]=profile(func)

word_freqs = sort(frequencies(extract_words(sys.argv[1])))

for (w, c) in word_freqs[0:25]:
    print(w, '-', c)
```

19.3　评注

该风格可以描述为"受限反射"风格，其目的是在现有程序的指定点之前和之后注入任意代码。这样做的一个原因可能是无法访问或不想修改源代码，同时又想为程序的函数添加额外的功能。另一个原因可能是通过本地化通常分散在整个程序中的代码来简化开发。

示例程序首先定义了三个主要的程序函数：extract_words（第 7～15 行），它将输入文件中的非停用词提取到一个列表中；frequencies（第 17～24 行），它计算列表中单词出现的次数；sort（第 26、27 行），它对给定的词频字典进行排序。该程序只需执行第 45～48 行，即可简单运行。

除了主程序之外，我们还添加了一个辅助功能：我们想要计算每个函数所需的时间。此功能是一组称为分析（profiling）的诊断操作的一部分。有很多方法可以实现这个辅助功能。最直接的方法是在每个函数的开头和结尾添加几行代码。我们也可以在函数之外的调用点实现此功能。但是，这会违反切面风格的约束条件。

这种风格的一个约束条件是，引入辅助功能时不应该对受影响的函数或调用点进行编辑。鉴于此约束，实现辅助功能的方法缩减到使用某种形式的反射（即事后更改程序）的方法。示例程序按如下方式进行。

我们定义了一个 profile 函数（第 30～37 行），它是一个函数封装器：它接受一个函数参数（f）并返回另一个函数 profilewrapper（第 37 行），返回的函数封装了原始函数 f（第 33 行），在前面（第 32 行）和后面（第 34、35 行）添加了分析代码。封装函数返回原始函数返回的值（第 36 行）。

分析机制已经到位，但仍然不够。仍缺少的部分是我们分析程序中函数的意图的表达。同样，这也可以通过多种不同的方式来实现。这种编程风格需要一种外部绑定机制：不将函数标记为可分析的（例如使用装饰器），而在没有直接附加这些信息的情况下进行分析，因此需要将信息本地化在程序中。

我们的程序首先声明应该分析哪些函数（第 40 行），这些被称为程序功能和辅助功能之间的连接点（join point）。接下来，我们使用全反射机制：对于每个要分析的函数，我们用封装函数替换它们在符号表中的名称绑定。请注意，我们正在更改程序的内部结构，例如函数名 extract_words 和第 7～15 行中定义的相应函数之间的绑定已被打破；相反，我们现在将名称 extract_words 绑定到以函数 extract_words 为参数的 profile 函数的实例。我们更改了程序员的原始规范：任何对 extract_words 函数的调用都将被改为对 profile(extract words) 的调用。

不同的语言实现这种编程风格的方法不同。在 Python 语言中，一个小变化是使用装饰器，尽管这违反了这种风格的第三个约束条件。

19.4　历史记录

Warren Teitelman 在 1966 年的博士论文中首次描述了这样的想法："建议"函数在外部包含额外行为。这项研究是在 LISP 语言背景下完成的。在 20 世纪 70 代，"建议"在 LISP

的许多方面找到了实现方式。这项研究对面向切面编程（Aspect-Oriented Programming, AOP）风格产生了很大的影响，该风格于20世纪90年代由Gregor Kiczales领导的小组在Xerox PARC上开发，而我也是这个小组的一员。

AOP是一种受限反射形式，允许程序员定义程序的各个切面。切面（aspect）指应用程序的关注点，它们往往分散在整个代码中，因为它们会影响许多组件。典型的切面是跟踪和分析。多年来，人们已经使用这个概念将程序功能本地化到一个地方，否则这些功能将分散在各个地方。

19.5　延伸阅读

Baldi, P., Lopes, C., Linstead, E. and Bajracharya, S. (2008). A theory of aspects as latent topics. *ACM Conference on Object-Oriented Programming, Systems, Languages and Applications (OOPSLA'08)*.

概要：关于切面（aspect）的最新信息论观点。

Kiczales, G., Lamping, J., Mendhekar, A., Maeda, C., Lopes, C., Loingtier, J.-M. and Irwin, J. (1997). Aspect-oriented programming. *European Conference on Object-Oriented Programming (ECOOP'97)*.

概要：AOP的原始论文，由Gregor Kiczales领导的Xerox PARC小组共同撰写。

Teitelman, W. (1966). PILOT: A step towards man-computer symbiosis. PhD Thesis, MIT.

概要："建议"的最初想法。论文的第3章描述了这个概念。

19.6　词汇表

❑ **切面**：（1）关注已有问题分解的实现是否违背使用非反射组合机制的集中代码的程序；（2）高信息熵源代码主题。

19.7　练习

1. 用另一种语言实现示例程序，但风格不变。
2. 通过装饰器实现分析切面（profile aspect）。你认为该替代方案的优缺点是什么？
3. 在示例程序中，我们通过提供函数列表（第40行）指定需要影响的函数。扩展这部分，允许指定除名称外的"作用域内的所有函数"。请根据需要选择语法。
4. 向示例程序添加另一个切面来跟踪函数。也就是说，函数的开头应该打印：

```
Entering <function name>
```

函数的末尾应该打印：

```
Exiting <function name>
```

这个切面应该是对已经存在的分析切面的补充。函数应该同时展示分析和跟踪切面。

5. 以事物风格（第11章）中的示例程序为例，将分析切面应用于以下方法：WordFrequency Controller 的 run 方法和 DataStorageManager 的构造函数。

6. 将分析切面应用于"导言"中提出的任务之一。

第 20 章

插件风格

20.1 约束条件

- ❑ 通过某种形式的抽象（过程、函数、对象等）拆解问题。
- ❑ 这些抽象的全部或部分被物理封装到它们自己的预编译包中。主程序和每个包都是独立编译的。这些包由主程序动态加载，通常在开始时（但不一定）加载。
- ❑ 主程序使用动态加载包中的函数 / 对象，但不知道将使用哪些具体的实现。无须修改或重新编译主程序即可使用新的实现。
- ❑ 存在加载哪些包的外部规范。这可以通过配置文件、路径约定、用户输入或其他机制来完成，以便在运行时加载代码的外部规范。

20.2 此编程风格的程序

tf-19.py：

```
1  #!/usr/bin/env python
2  import sys, configparser, importlib.machinery
3
4  def load_plugins():
5      config = configparser.ConfigParser()
6      config.read("config.ini")
7      words_plugin = config.get("Plugins", "words")
8      frequencies_plugin = config.get("Plugins", "frequencies")
9      global tfwords, tffreqs
10     tfwords = importlib.machinery.SourcelessFileLoader('tfwords',
           words_plugin).load_module()
11     tffreqs = importlib.machinery.SourcelessFileLoader('tffreqs',
           frequencies_plugin).load_module()
12
13 load_plugins()
14 word_freqs = tffreqs.top25(tfwords.extract_words(sys.argv[1]))
15
16 for (w, c) in word_freqs:
17     print(w, '-', c)
```

config.ini：

```
1  [Plugins]
2  ;; Options: plugins/words1.pyc, plugins/words2.pyc
3  words = plugins/words1.pyc
4  ;; Options: plugins/frequencies1.pyc, plugins/frequencies2.pyc
5  frequencies = plugins/frequencies1.pyc
```

words1.py：

```
1  import sys, re, string
2
3  def extract_words(path_to_file):
4      with open(path_to_file) as f:
5          str_data = f.read()
6      pattern = re.compile('[\W_]+')
7      word_list = pattern.sub(' ', str_data).lower().split()
8
9      with open('../stop_words.txt') as f:
10         stop_words = f.read().split(',')
11     stop_words.extend(list(string.ascii_lowercase))
12
13     return [w for w in word_list if not w in stop_words]
```

words2.py：

```
1  import sys, re, string
2
3  def extract_words(path_to_file):
4      words = re.findall('[a-z]{2,}', open(path_to_file).read().
           lower())
5      stopwords = set(open('../stop_words.txt').read().split(','))
6      return [w for w in words if w not in stopwords]
```

frequencies1.py:

```
1  import operator
2
3  def top25(word_list):
4      word_freqs = {}
5      for w in word_list:
6          if w in word_freqs:
7              word_freqs[w] += 1
8          else:
9              word_freqs[w] = 1
10     return sorted(word_freqs.items(), key=operator.itemgetter(1),
                reverse=True)[:25]
```

frequencies2.py:

```
1  import operator, collections
2
3  def top25(word_list):
4      counts = collections.Counter(w for w in word_list)
5      return counts.most_common(25)
```

20.3　评注

　　这种风格是软件进化和定制化的核心。开发旨在由其他人扩展的软件或者由相同的开发人员在稍后的某个时间点进行扩展的软件，会带来一系列封闭式软件中不存在的挑战。

　　我们来看一下示例程序。其主要思想是去除主程序的重要实现细节，仅将其作为执行两个词频函数的"外壳"。在这个例子中，我们将词频应用分为两个独立的步骤：第一步称为 extract_words，我们读取输入文件并生成一个非停用词列表；第二步称为 top25，我们获取该单词列表，计算单词的出现次数并返回 25 个最常出现的单词及其词频。这两个步骤见 tf-19.py 的第 14 行。请注意，主程序 tf-19.py 不知道函数 tfwords.extract_words 和 tffreqs.top25，只知道它们存在。我们希望能够在以后的某个时间点选择这些函数的实现，甚至允许该程序的用户提供自己的实现。

　　当主程序运行时，它需要知道使用哪些函数。这是在外部配置文件中指定的。因此，主程序在调用词频函数之前做的第一件事就是加载相应的插件（第 13 行）。load_plugins（第 4 ~ 11 行）首先读取配置文件 config.ini（第 5、6 行），提取两个函数的设置（第 7、8 行）。假设配置文件包含名为 Plugins 的部分，其中包含两个配置变量：words（第 7 行）和 frequencies（第 8 行）。这些变量的值应该是预编译 Python 代码的路径。

　　在解释接下来的 3 行代码之前，我们先看一下配置文件——请参见 config.ini。我们正在使用一种众所周知的配置格式，称为 INI，它在编程界中得到了普遍支持。Python 的标准库通过 ConfigParser 模块支持它。INI 文件非常简单，包含一个或多个部分，各部分由单行的 [部分名称] 表示，在 [部分名称] 下，配置变量及其值以键值对（名称 = 值）的形式列出，每行一对。在本例中，我们有一个名为 [Plugins] 的部分（第 1 行）和两个变量：words（第 3 行）和 frequencies（第 5 行）。这两个变量都包含文件系统中的路径值，例如，words 设置为 plugins/words1.pyc，这意味着我们要使用当前目录的子目录中的文件。我们可以通过更改这些变量的值来更改要使用的插件。

回到 tf-19.py，第 5 ～ 8 行读取这个配置文件。接下来的 3 行（第 9 ～ 11 行）处理从配置文件中指定的文件中动态加载的代码。我们使用 Python 的 imp 模块来实现这一点，它为 import 语句的内部提供了一个反射接口。在第 9 行中，我们声明了两个全局变量 tfwords 和 tffreqs，它们本身就是模块。在第 10 行和第 11 行中，我们加载在指定路径中找到的代码并将其绑定到模块变量。imp.load_compiled 获取预编译 Python 文件的名称和路径，并将该代码加载到内存中，返回编译后的模块对象——然后我们需要将该对象绑定到模块名称，以便在主程序的其余部分使用它（特别是第 14 行）。

示例程序的其余部分——words1.py、words2.py、frequencies1.py 和 frequencies2.py——显示了词频函数的不同实现。words1.py 和 words2.py 为 extract_words 函数提供了替代方案；frequencies1.py 和 frequencies2.py 为 top25 函数提供了替代方案[⊖]。

20.4 系统设计中的此编程风格

重要的是要了解这种风格的替代方案，它们实现了支持相同函数有不同实现的目标。了解这些替代方案的局限性以及这种编程风格的好处也很重要。

当想要支持函数的不同实现时，可以使用众所周知的设计模式（例如工厂模式）保护这些函数的调用者：调用者请求特定的实现，工厂方法返回正确的对象。在最简单的形式中，工厂是对许多预定义选项的美化条件语句。实际上，支持替代方案的最简单方法是使用条件语句。

条件语句和相关机制假定替代方案集在程序设计时已知。在这种情况下，插件风格就有点矫枉过正了，简单的工厂模式就可以很好地实现这一目标。然而，当替代方案集开放时，使用条件很快就会成为一种负担：对于每一个新的替代方案，我们都需要编辑工厂代码并再次编译。此外，当替代方案集打算向不一定有权访问基础程序源代码的第三方开放时，使用硬编码替代方案根本不可能实现目标，此时动态代码加载变得很有必要。现代框架已经采用这种编程风格来支持对使用敏感的定制功能。

现代操作系统也通过共享的动态链接库（例如 Linux 中的 .so 和 Windows 中的 .DLL）支持这种风格。

然而，当被滥用时，以这种风格编写的软件会变成"配置地狱"，有几十个定制点，每

⊖ 注意，为了使程序正常工作，需要首先将这些文件编译为 .pyc 文件。

个点都有许多不同的替代方案，且可能很难理解。此外，当不同定制点的替代方案之间存在依赖关系时，软件可能会莫名其妙地失败，因为当今使用的简单配置语言不能很好地支持外部模块之间依赖关系的表达。

20.5 历史记录

这种风格的起源有些模糊，但似乎分布在两个不同的领域：分布式系统架构和使用第三方代码扩展独立应用程序的需要。

Mesa 是 20 世纪 70 年代在 Xerox PARC 设计并用于 Xerox Star 办公自动化系统的一种编程语言，它包含一种配置语言，用于通知链接器如何将一组模块绑定到一个完整的系统中。C/Mesa 具有独立的接口和实现模块（类似于抽象事物），因此 C/Mesa 程序可以将实现模块的导出和导入连接在一起。这用于将操作系统的不同变体组装在一起。

到 20 世纪 80 年代中期，几个复杂的网络控制系统正在构建，需要仔细考虑将系统视为需要连接的独立组件的集合，这些组件有可能被其他组件取代。因此，人们提出了配置语言。这些配置语言体现了将功能组件与其互连关系分开的概念，建议将"配置编程"作为一个单独的关注点。这一工作一直持续到 20 世纪 90 年代，在现在所谓的软件架构下，配置语言变成了架构描述语言（Architecture Description Language，ADL）。20 世纪 90 年代提出的许多 ADL 虽然功能强大，但只是用于系统分析的语言，不可执行。这在一定程度上是因为在运行时链接组件对于当时主要基于 C 的主流编程语言技术来说是一件很难的事情。可执行的 ADL 使用非主流的小众语言。

在 20 世纪 90 年代，一些桌面应用程序已经支持插件了。例如，PhotoShop 很早就有了这个概念，因为它可以将"核心"应用程序与可能由最终用户添加的几个图像滤镜完全分离，它还允许在桌面硬件上定制图像处理功能。

具有反射能力的主流编程语言的出现改变了这项工作的面貌，因为它突然使运行时链接组件变得可能，而且非常容易。Java 框架（例如 Spring）是第一个接受反射带来的新功能的框架。随着越来越多的语言开始接受反射功能，这种风格的工程系统以"依赖注入"和"插件"的名称在行业中变得司空见惯。在这些实践中，ADL 恢复到简单的声明性配置语言，例如 INI 或 XML。

20.6 延伸阅读

Fowler, M. (2004). Inversion of control containers and the dependency injection
    pattern. Blog post available at:
    http://www.martinfowler.com/articles/injection.html

概要：Martin Fowler 在 OOP 框架背景中解释了控制反转和依赖注入。

Kramer, J., Magee, J., Sloman, M. and Lister, A. (1983). CONIC: An integrated approach to distributed computer control systems. *IEE Proceedings* 130(1): 1–10.

概要：对第一个架构描述语言（ADL）的描述。

Mitchell, J., Maybury, W. and Sweet, R. (1979). Mesa Language Manual. Xerox PARC Technical Report CSL-79-3.

概要：Mesa 是一种非常有趣的语言。它是一种类似 Modula 的语言，因此非常关注模块化问题。Mesa 程序由指定接口定义的文件和一个或多个指定接口具体实现的程序文件组成。Mesa 对其他语言（例如 Modula-2 和 Java）的设计产生了重大影响。

20.7　词汇表

❑ **第三方开发**：由与开发该软件的开发人员不同的一组开发人员完成的软件开发。第三方开发通常只能访问软件的二进制文件形式，而不能访问其源代码。

❑ **依赖注入**：一组支持动态导入函数 / 对象实现的技术。

❑ **插件**：（又名增强包）将一组特定行为添加到正在执行的应用程序而无须重新编译的软件组件。

20.8　练习

1. 用另一种语言实现示例程序，但风格不变。

2. 提供 `extract_words` 的第三种实现方法。

3. 假设 words1.py、words2.py、frequencies1.py 和 frequencies2.py 是示例程序中唯一可以考虑的替代方案。展示如何改变程序的插件风格。

4. 示例程序在末尾对单词频率的打印输出进行了硬编码（第 16、17 行）。将其转换为插件风格，并提供至少两种在最后打印出信息的方案。

5. 修改 `load_plugins` 函数，使其可以加载带有 Python 源代码的模块。

6. 使用这种风格编写"导言"中提出的任务之一。

第六部分 *Part 6*

逆　　境

当程序执行时，可能有意（由于恶意攻击）或无意（由于程序员的疏忽或硬件的意外故障）地发生异常情况。处理这些异常可能是程序设计中最复杂的工作之一。处理异常情况的一种方法是忽视它们：（1）假设错误不会发生；（2）不关心错误是否发生。为了专注于特定的限制，除了接下来的五种编程风格，本书均采用了忽视的处理方法。接下来的五章反映了在程序中处理逆境（adversity）的五种不同方法。这几种编程风格都是一种更通用的编程风格的不同变体，这种更通用的风格被称为防御型编程。防御型编程与忽视式编程截然相反。第 23 章末尾对防御型编程的前三种变体进行了比较分析。

## 第 21 章

建构主义风格

21.1 约束条件

❑ 每个函数都会检查其参数的完整性并在参数不合理时返回一些合理的内容，或为它们分配合理的值。

❑ 程序检查所有代码块中可能的错误并在出错时跳出该代码块，同时将程序的状态设置为某个合理的值，然后继续执行函数的其余部分。

21.2 此编程风格的程序

```
1 #!/usr/bin/env python
```

```
 2  import sys, re, operator, string, inspect
 3
 4  #
 5  # The functions
 6  #
 7  def extract_words(path_to_file):
 8      if type(path_to_file) is not str or not path_to_file:
 9          return []
10
11      try:
12          with open(path_to_file) as f:
13              str_data = f.read()
14      except IOError as e:
15          print("I/O error({0}) when opening {1}: {2}".format(e.
                errno, path_to_file, e.strerror))
16          return []
17
18      pattern = re.compile('[\W_]+')
19      word_list = pattern.sub(' ', str_data).lower().split()
20      return word_list
21
22  def remove_stop_words(word_list):
23      if type(word_list) is not list:
24          return []
25
26      try:
27          with open('../stop_words.txt') as f:
28              stop_words = f.read().split(',')
29      except IOError as e:
30          print("I/O error({0}) when opening ../stops_words.txt: {1}
                ".format(e.errno, e.strerror))
31          return word_list
32
33      stop_words.extend(list(string.ascii_lowercase))
34      return [w for w in word_list if not w in stop_words]
35
36  def frequencies(word_list):
37      if type(word_list) is not list or word_list == []:
38          return {}
39
40      word_freqs = {}
41      for w in word_list:
42          if w in word_freqs:
43              word_freqs[w] += 1
44          else:
45              word_freqs[w] = 1
46      return word_freqs
47
48  def sort(word_freq):
49      if type(word_freq) is not dict or word_freq == {}:
50          return []
51
52      return sorted(word_freq.items(), key=operator.itemgetter(1),
            reverse=True)
53
54  #
55  # The main function
56  #
57  filename = sys.argv[1] if len(sys.argv) > 1 else "../input.txt"
```

```
58 word_freqs = sort(frequencies(remove_stop_words(extract_words(
        filename))))
59
60 for tf in word_freqs[0:25]:
61     print(tf[0], '-', tf[1])
```

21.3　评注

在这种风格中，程序会注意可能的异常情况，它们不会忽视异常，而会采取建构主义的方法来解决问题：它们通过实用的启发式方法来解决问题，以完成工作。它们通过尽可能使用合理的回退值（fallback value）来防止代码受调用者或者提供者可能的错误影响，以便程序可以继续执行。

我们从最后面开始来看示例程序。在前面的所有示例中，我们都没有检查用户是否在命令行中给出了文件名，我们假设文件名参数已在那里，但如果没有，程序就会崩溃。在这个示例程序中，我们首先检查用户是否给出了文件名（第57行），如果没有，程序就回退到计算现有测试文件 input.txt 的词频。

在该程序的其他部分也可以看到类似的方法。例如，在函数 extract_words 的第11～16行中，当打开或读取给定文件名出错时，该函数将简单地接受该事实并返回一个空的单词列表，从而允许程序基于该空列表继续执行。在 remove_stop_words 函数的第26～31行中，如果包含停用词的文件存在错误，该函数将简单地回显它收到的单词列表，而不会进行任何停用词过滤。

以建构主义风格处理错误带来的不便能够对用户体验产生巨大的积极影响。然而，它同时也伴随着一些需要仔细考虑的风险。

首先，当程序在不通知用户的情况下采取某些回退行为时，结果可能令人费解。例如，在没有文件名的情况下运行以下程序：

```
$ python tf-21.py
mostly  -  2
live  -  2
africa  -  1
tigers  -  1
india  -  1
lions  -  1
wild  -  1
white  -  1
```

这会产生用户无法理解的结果。这些单词是从哪里来的？在假定回退值时，重要的是让用户知道发生了什么。

当回退值显示文件不存在时，整个程序表现得更好：

```
$ python tf-21.py
I/O error(2) when opening foo: No such file or directory
```

即使函数继续在空列表上执行，用户也会意识到某些事情没有按预期工作。

第二个风险与回退策略使用的启发式方法有关。其中一些可能比显式错误更令人困惑，甚至具有误导性。例如，如果在第 11 ～ 16 行中遇到了实际上不存在的文件（由用户提供），程序会回退到打开 input.txt，用户会被误导，认为他们提供的文件产生了对应的单词频率。显然，这是错误的。至少，如果决定采用回退策略，我们需要警告用户这种情况（"该文件不存在，这是另一个文件的结果"）。

21.4　系统设计中的此编程风格

许多流行的计算机语言和系统都采用这种方法来应对逆境。例如，Web 浏览器中 HTML 页面的呈现因建构主义而臭名昭著：即使页面有语法错误或不一致，浏览器也会尝试尽可能好地呈现它。Python 本身在许多情况下也采用这种方法，例如在获取超出列表长度的列表范围时（请参阅"导言"中有关边界的介绍）。

现代面向用户的软件也倾向于采用这种方法，有时会在底层使用重型启发式机制。当在搜索引擎中输入关键字时，搜索引擎通常会纠正拼写错误并将拼写正确的单词结果显示出来，而不是按字面意思接受用户输入。

尝试猜测错误输入背后的意图是一件非常好的事情，只要系统在大多数时候都能猜对。人们往往会对做出错误猜测的系统失去信任。

21.5　练习

1. 用另一种语言实现示例程序，但风格不变。
2. 使用这种风格编写"导言"中提出的任务之一。

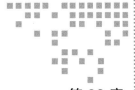
Tantrum 风格

22.1 约束条件

❏ 每个过程和函数都会检查其参数的完整性并在参数不合理时拒绝继续执行。

❏ 所有代码块都检查可能的错误，尽可能在发生错误时，记录错误的特定上下文的信息并将错误沿着函数调用链向上传递。

22.2 此编程风格的程序

```python
1  #!/usr/bin/env python
2
3  import sys, re, operator, string, traceback
4
5  #
```

```python
6  # The functions
7  #
8  def extract_words(path_to_file):
9      assert(type(path_to_file) is str), "I need a string!"
10     assert(path_to_file), "I need a non-empty string!"
11
12     try:
13         with open(path_to_file) as f:
14             str_data = f.read()
15     except IOError as e:
16         print("I/O error({0}) when opening {1}: {2}! I quit!".
17                 format(e.errno, path_to_file, e.strerror))
17         raise e
18
19     pattern = re.compile('[\W_]+')
20     word_list = pattern.sub(' ', str_data).lower().split()
21     return word_list
22
23 def remove_stop_words(word_list):
24     assert(type(word_list) is list), "I need a list!"
25
26     try:
27         with open('../stop_words.txt') as f:
28             stop_words = f.read().split(',')
29     except IOError as e:
30         print("I/O error({0}) when opening ../stops_words.txt:
31                 {1}! I quit!".format(e.errno, e.strerror))
31         raise e
32
33     stop_words.extend(list(string.ascii_lowercase))
34     return [w for w in word_list if not w in stop_words]
35
36 def frequencies(word_list):
37     assert(type(word_list) is list), "I need a list!"
38     assert(word_list != []), "I need a non-empty list!"
39
40     word_freqs = {}
41     for w in word_list:
42         if w in word_freqs:
43             word_freqs[w] += 1
44         else:
45             word_freqs[w] = 1
46     return word_freqs
47
48 def sort(word_freq):
49     assert(type(word_freq) is dict), "I need a dictionary!"
50     assert(word_freq != {}), "I need a non-empty dictionary!"
51
52     try:
53         return sorted(word_freq.items(), key=operator.itemgetter
54                 (1), reverse=True)
55     except Exception as e:
55         print("Sorted threw {0}".format(e))
56         raise e
57
58 #
59 # The main function
60 #
61 try:
```

```
62    assert(len(sys.argv) > 1), "You idiot! I need an input file!"
63    word_freqs = sort(frequencies(remove_stop_words(extract_words(
          sys.argv[1]))))
64
65    assert(type(word_freqs) is list), "OMG! This is not a list!"
66    assert(len(word_freqs) > 25), "SRSLY? Less than 25 words!"
67    for (w, c) in word_freqs[0:25]:
68        print(w, '-', c)
69 except Exception as e:
70    print("Something wrong: {0}".format(e))
71    traceback.print_exc()
```

22.3 评注

这种风格与前一种风格一样具有防御性：都会检查可能的错误。但是当检测到异常时，它的反应方式却大不相同：函数只拒绝继续执行。

我们来看一下示例程序，同样从最后面开始。在第62行中，我们不仅检查命令行中是否输入了文件名，而且我们断言它必须存在，否则它会抛出异常——assert函数会在声明的条件没有达到时抛出AssertionError异常。

在程序的其他部分也可以看到类似的方法。在extract_words函数的第9行和第10行中，我们断言参数必须满足特定条件，否则函数将抛出异常。在第12～17行中，如果打开或读取文件时抛出异常，我们就在那里捕获它，打印一条关于它的消息并将异常沿着调用栈向上传递以供进一步捕获。类似的代码——断言和本地异常处理——可以在所有其他函数中看到。

当异常发生时停止程序的执行流是确保这些异常不会造成损害的一种方法。在许多情况下，它可能是唯一的选择，因为回退策略并不总是好的或可取的。

这种风格与建构主义风格有一个共同点：它们都在可能发生错误的本地上下文中检查错误并处理错误。这里的区别在于：建构主义风格的回退策略本身就是程序中有趣的部分，而Tantrum风格的清理和退出代码则不是。

这种本地错误检查在使用不支持异常的编程语言编写的程序中尤为明显。C语言就是其中的一种语言。在预防问题时，C程序会在本地检查是否发生了错误，如果是，则使用合理的回退值（建构主义风格）或按照此处的风格跳出函数。在没有异常处理机制的语言（如C语言）中，函数的异常返回通常使用负整数、空指针或全局变量（例如errno）形式的错误代码进行标记，然后在调用站点检查这些错误代码。

以这种方式处理异常会导致冗长的样板代码，这会分散读者对函数实际目标的注意力。例如，我们经常会遇到用这种风格编写的部分程序，其中一行功能代码后面跟着一长串条件块，这些条件块用于检查各种错误是否发生，每个条件块都在块的末尾返回一个错误。

为了避免这种风格导致的冗长问题，资深的C语言程序员有时求助于C语言的GOTO语句。GOTO的主要优点之一是它们允许非本地跳出，从而避免样板代码，在处理错误时分散代码的主要目的，并且支持函数永远只有一个退出点。GOTO 语句允许我们以更简洁的形式表达我们对错误的不满。但是出于各种充分的理由，主流编程语言长期以来一直不鼓励甚至完全禁止使用 GOTO。

22.4　系统设计中的此编程风格

计算机是不会说话的机器，需要被准确、明确地告知要做什么。计算机软件继承了这一特征。许多软件系统在尝试猜测错误输入（来自用户或其他组件）背后的意图时，并没有付出太多努力，简单地拒绝继续执行要容易得多，也没有风险。因此，这种风格在软件中随处可见。更糟糕的是，很多时候错误都被标记为无法理解的错误消息，而这些消息不会以可操作的方式通知给违规方。

当对逆境感到悲观时，重要的是至少让对方知道预期的结果，以及函数 / 组件拒绝继续执行的原因。

22.5　延伸阅读

IBM (1957). The FORTRAN automatic coding system for the IBM 704 EDPM. Available at:
http://www.softwarepreservation.org/projects/FORTRAN/manual/Prelim_Oper_Man-1957_04_07.pdf

概要：原始的 FORTRAN 手册，显示了一长串可能的错误代码以及如何处理它们。该列表同时包含机器（硬件）错误和人为（软件）错误。一些人为错误是句法错误，而另一些则更有趣。例如，错误 430 被描述为"程序太复杂。简化或分两部分进行（基本块太多）"。

22.6　词汇表

❑ **错误代码**：表示特定组件故障的枚举消息。

22.7　练习

1. 用另一种语言实现示例程序，但风格不变。
2. 使用这种风格编写"导言"中提出的任务之一。

第 23 章 | *Chapter 23*

被动攻击风格

23.1 约束条件

❑ 每个过程和函数都会检查自身参数的完整性并在参数不合理时，拒绝继续执行并跳出当前函数。

❑ 当调用其他函数时，程序函数只有在能够做出有意义的反应时才会检查错误。

❑ 异常处理发生在函数调用链的更高层、更有意义的地方。

23.2 此编程风格的程序

```python
1  #!/usr/bin/env python
2  import sys, re, operator, string
3
```

```
 4  #
 5  # The functions
 6  #
 7  def extract_words(path_to_file):
 8      assert(type(path_to_file) is str), "I need a string! I quit!"
 9      assert(path_to_file), "I need a non-empty string! I quit!"
10
11      with open(path_to_file) as f:
12          data = f.read()
13      pattern = re.compile('[\W_]+')
14      word_list = pattern.sub(' ', data).lower().split()
15      return word_list
16
17  def remove_stop_words(word_list):
18      assert(type(word_list) is list), "I need a list! I quit!"
19
20      with open('../stop_words.txt') as f:
21          stop_words = f.read().split(',')
22      # add single-letter words
23      stop_words.extend(list(string.ascii_lowercase))
24      return [w for w in word_list if not w in stop_words]
25
26  def frequencies(word_list):
27      assert(type(word_list) is list), "I need a list! I quit!"
28      assert(word_list != []), "I need a non-empty list! I quit!"
29
30      word_freqs = {}
31      for w in word_list:
32          if w in word_freqs:
33              word_freqs[w] += 1
34          else:
35              word_freqs[w] = 1
36      return word_freqs
37
38  def sort(word_freqs):
39      assert(type(word_freqs) is dict), "I need a dictionary! I quit
            !"
40      assert(word_freqs != {}), "I need a non-empty dictionary! I
            quit!"
41
42      return sorted(word_freqs.items(), key=operator.itemgetter(1),
            reverse=True)
43
44  #
45  # The main function
46  #
47  try:
48      assert(len(sys.argv) > 1), "You idiot! I need an input file! I
            quit!"
49      word_freqs = sort(frequencies(remove_stop_words(extract_words(
            sys.argv[1]))))
50
51      assert(len(word_freqs) > 25), "OMG! Less than 25 words! I QUIT
            !"
52      for tf in word_freqs[0:25]:
53          print(tf[0], '-', tf[1])
54  except Exception as e:
55      print("Something wrong: {0}".format(e))
```

23.3 评注

就像之前的 Tantrum 风格一样，这种风格通过跳过调用链中的剩余执行流来处理调用者错误（前提条件）和一般执行错误。然而，它与 Tantrum 风格不同的是，错误处理不是散布在整个程序中，而是只放在一个地方。但结果仍然相同：调用链之后的任何函数都不会被执行。这就是面对逆境时的被动攻击行为。

我们来看一下示例程序。与 Tantrum 风格一样，该程序的函数检查输入参数的有效性，如果它们无效，则立即返回错误——参见第 8、9、18、27、28、39、40、48 和 51 行中的断言。与 Tantrum 风格不同的是，调用其他函数（例如库函数）可能导致的错误不会在调用它们的地方被显式地处理。例如，在第 11、12 行中，打开和读取输入文件不受 try-except 子句的保护，如果那里发生异常，程序将简单地中断该函数的执行并将异常沿着调用链向上传递，直到它到达某个异常处理程序。在我们的例子中，该异常处理程序位于顶层，见第 54、55 行。

某些编程语言在设计上不支持被动攻击风格，更鼓励建构主义风格或 Tantrum 风格。C 语言便是这类语言。正如我们已在这类主流编程语言中所知道的，从技术上讲，我们可以在不支持异常的语言中采用这种风格，例如：（1）Haskell 语言在语言层面没有任何对异常的支持，但可以通过 Exception monad 支持这种风格；（2）许多有经验的 C 语言程序员已经开始使用 GOTO 来更好地模块化错误处理代码，这导致对错误处理的态度更加倾向于被动攻击风格。

23.4 历史记录

异常于 20 世纪 60 年代中期首次被引入 PL/I 语言中，尽管它们的使用存在一些争议。例如，到达文件末尾被认为是异常。在 20 世纪 70 年代初，LISP 语言也有异常处理机制。

23.5 延伸阅读

Abrahams, P. (1978). The PL/I Programming Language. Courant Mathematics and Computing Laboratory, New York University. Available at: http://www.iron-spring.com/abrahams.pdf

概要：PL/I 规范。PL/I 是第一种支持某些异常版本的语言。

23.6 词汇表

❑ **异常**：程序执行过程中正常预期之外的情况。

23.7 练习

1. 用另一种语言实现示例程序，但风格不变。

2. 使该程序出现异常情况，无论是程序整体，还是个别函数。显示程序在这些异常情况下的行为。提示：编写测试用例来测试会使程序失败的情况。

3. 使用类似于第 10 章中的"主对象"编写一个词频程序，模拟异常。在 main 函数中，不应该有 try-catch 块，相反，应由主对象捕获异常。主对象的作用是展开计算并在每一步检查是否有错误，如果有错误，则不应再调用其他函数。测试它，例如提供一个错误的停用词文件名。可以从本章的示例代码或第 10 章中的代码（或你自己的其他语言版本）开始。程序的 main 函数应该使用绑定机制链接函数或对象。

4. 使用这种风格编写"导言"中提出的任务之一。

23.8 建构主义风格、Tantrum 风格和被动攻击风格的比较

这三种风格反映了应对逆境的三种不同方法。

异常处理机制作为 GOTO 的替代方法被引入，用作处理程序异常的一种方法。它具备结构化、行为良好、能够被有效约束等特点。异常处理机制不允许我们跳转到程序的任意位置，但允许我们返回到调用栈中的任意函数，从而避免不必要的样板代码。异常处理机制是一种更包容的"抗议"代码执行过程中障碍的形式。它们具有被动攻击行为的形象（"我现在不抗议，但这是不对的，我最终会抗议"）。

但是，即便编程语言支持异常处理机制，也并非所有使用该编程语言编写的程序都对程序的异常采取被动攻击行为。这主要取决于两个因素。

通常，经验不足的程序员刚开始学习异常处理机制时，第一直觉是使用 Tantrum 风格，因为他们必须在错误首次出现的地方检查错误。程序员们需要一定的时间才能完全信任异常处理机制。另一种情况则是，编程语言自身鼓励程序员使用 Tantrum 风格。例如，Java 强制使用静态异常检查机制，这迫使程序员在想要忽略异常时，必须在方法签名中声明这些异常。鉴于在方法签名中声明异常会耗费大量时间，这将很快成为一种负担；而在异常可能发生的地方捕获异常通常更简单，从而导致带有"Tantrum 风格"的异常的代码。使用 C 语言 Tantrum 风格，通过在本地捕获异常并返回错误代码的 Java 程序，并不罕见。

一般来说，当我们决定处理程序异常时，被动攻击风格比 Tantrum 风格更受欢迎。当不清楚如何从异常中恢复时，不应该过早地捕获异常（即"抗议"）；同样，也不应该只是为了记录它发生过而过早地捕获异常（调用栈是异常信息的一部分，无论它在哪里被捕获）。对于发生的异常，往往只有函数的调用者，甚至更上一层的调用者，才有处理异常所需的正确上下文。因此，当程序发生异常时，除非需要就地处理一些有意义的工作，否则更好的处理方式是将异常返回至函数调用链的上游。

然而，在许多应用程序中，建构主义风格较其他两种风格有些许优势。通过假设合理的回退值来应对错误的函数输入参数，或者在函数内部运行错误时返回合理的回退值，保证程序能够继续运行，并尽最大努力完成任务。

公开意图风格

24.1 约束条件

❏ 存在类型执行器。

❏ 过程和函数声明它们所期望的参数类型。

❏ 如果调用者发送的参数类型不是预期的，则会引发类型错误，不再执行过程/函数。

24.2 此编程风格的程序

```python
1  #!/usr/bin/env python
2  import sys, re, operator, string, inspect
3
4  #
5  # Decorator for enforcing types of arguments in method calls
6  #
```

```
 7  class AcceptTypes():
 8      def __init__(self, *args):
 9          self._args = args
10
11      def __call__(self, f):
12          def wrapped_f(*args):
13              for i in range(len(self._args)):
14                  if type(args[i]) != self._args[i]:
15                      raise TypeError("Expecting %s got %s" % (str(
                             self._args[i]), str(type(args[i])))))
16              return f(*args)
17          return wrapped_f
18  #
19  # The functions
20  #
21  @AcceptTypes(str)
22  def extract_words(path_to_file):
23      with open(path_to_file) as f:
24          str_data = f.read()
25      pattern = re.compile('[\W_]+')
26      word_list = pattern.sub(' ', str_data).lower().split()
27      with open('../stop_words.txt') as f:
28          stop_words = f.read().split(',')
29      stop_words.extend(list(string.ascii_lowercase))
30      return [w for w in word_list if not w in stop_words]
31
32  @AcceptTypes(list)
33  def frequencies(word_list):
34      word_freqs = {}
35      for w in word_list:
36          if w in word_freqs:
37              word_freqs[w] += 1
38          else:
39              word_freqs[w] = 1
40      return word_freqs
41
42  @AcceptTypes(dict)
43  def sort(word_freq):
44      return sorted(word_freq.items(), key=operator.itemgetter(1),
            reverse=True)
45
46  word_freqs = sort(frequencies(extract_words(sys.argv[1])))
47  for (w, c) in word_freqs[0:25]:
48      print(w, '-', c)
```

24.3　评注

　　有一种编程异常从计算机发展早期就被认为是有问题的：类型不匹配。例如，函数需要一个特定类型的参数，却被赋予了另一种类型的值；函数返回一个特定类型的值，函数的调用者却将返回值当成另一个类型的值使用。这些都是有问题的，因为不同类型的值通常具有不同的内存大小，这意味着当类型不匹配时，内存可能会被覆盖并变得不一致。

　　幸运的是，这种异常相对容易处理——至少与程序执行期间发生的所有其他异常相比是这样的——这类问题已经在主流编程语言中通过类型系统得到了很大程度的解决。所有现代高级编程语言都有一个类型系统[⊖]，并且数据类型的检查会发生在程序开发和执行的各个节点。

Python 语言也有类型系统，而且非常强大。例如，我们可以通过索引访问这些值：

```
>>> ['F', 'a', 'l', 's', 'e'][3]
's'
>>> "False"[3]
's'
```

但是，如果我们试图通过索引访问其他值，将会收到错误：

```
>>> False[3]
Traceback (most recent call last):
  File "<stdin>", line 1, in <module>
TypeError: 'bool' object has no attribute '__getitem__'
```

这意味着 Python 解释器并没有被我们试图通过索引方式访问布尔值 False 的字母"s"所愚弄，而是通过抛出异常拒绝执行我们要求的操作。

Python 语言会动态执行类型检查，这意味着只有在程序运行时才会对值进行类型检查。其他语言则提前执行类型检查——它们被称为静态类型检查语言。Java 和 Haskell 语言是静态类型检查语言。Java 和 Haskell 也是通过截然不同方式实现静态类型检查的好例子：Java 要求程序员显式声明变量类型，而 Haskell 则由于其类型推断功能而支持隐式类型声明。

尽管从未得到经验证明，但许多人认为提前了解值的类型而非等待运行时抛出错误，是一种很好的软件工程实践，尤其是在大型多人项目的开发中。这种信念是公开意图风格的基础。

我们来看一下示例程序。该程序像之前的许多其他示例程序一样使用函数抽象，定义了 3 个主要函数：extract-words（第 22 ～ 30 行）、frequencies（第 33 ～ 40 行）和 sort（第 43、44 行）。我们知道，只有当传递给它们的参数属于特定类型时，这些函数才能正常工作。例如，如果调用者传递一个列表，函数 extract_words 将无法工作。因此，我们可以将（函数期望的参数）这一信息公开给调用者，而不是隐藏这些信息。

这正是示例程序通过每个函数定义上方的声明 @AcceptTypes(...) 所做的——参见第 21、32 和 42 行。这些声明是用 Python 装饰器实现的。装饰器是 Python 的另一个反射特性，它允许我们在不更改源代码的情况下更改函数、方法或类。每次使用装饰器时都会创建一个新的装饰器实例[⊜]。我们来仔细看看这个装饰器。

AcceptTypes 装饰器的构造函数（第 8、9 行）在每次使用时执行。构造函数接受一个参数列表（例如第 21 行的字符串，以及第 32 行的列表和第 42 行的字典），并简单地存储它们。当调用被装饰的函数时，装饰器的 __call__ 方法（第 11 ～ 17 行）首先被调用。在本例中，我们检查提供给函数的参数类型是否与声明函数时声明的类型相同（第 13、14

⊖ 某些类型系统比其他类型系统更严格地检查类型。

⊜ 我们已在第 19 章的练习中遇到过这个特性。事实上，类型声明可以看作程序的一个切面（aspect）。

行）。如果不相同，则引发类型错误。这样就可以保证当函数的参数不符合预期时，函数不会被执行。但是，更重要的是，我们已经向函数的调用者表明了我们的意图。

此时，我们应该暂停对示例程序的展示，讨论一下关于这种风格及其说明的三个相关问题。

这些类型注释与现有的 Python 类型系统有什么区别？我们的类型注释比现有的类型系统更能缩小可接受的类型范围。以 frequencies 函数（第 33 ～ 40 行）为例，第 35 行中的参数 word_list 是可迭代访问的值。Python 中有多种可迭代值：列表、字典、元组甚至字符串都是可迭代的内置类型。第 32 行的类型注释说明我们只需要一个列表，而非其他类型。Python 处理类型的方法就是当作鸭子类型（如果它走路像鸭子，游泳像鸭子，叫声像鸭子，那它就是鸭子）：值有值的行为。类型注释则将类型当作名义类型：类型的名称是类型检查的基础。

这些类型声明是否与静态类型相同？它们不同。装饰器中的类型检查是在运行时完成的，而不是运行前。在这方面，装饰器并没有为我们提供比 Python 类型检查方法更多的信息。由于 Python 的类型处理方法（特点），实现静态类型检查非常困难，尽管 Python 3.x 通过函数注释的新特性越来越接近支持静态类型检查。但是，类型注释的作用是使对参数类型的期望显式化而不是隐式化。它更多的是为这些函数调用者提供文档和警告。这就是这种风格的核心。

公开意图风格和前两种风格有什么区别？公开意图风格仅适用于一种类型的异常：类型不匹配。前两个风格的示例程序检查的不仅仅是类型相关的异常，例如，它们还检查给定的参数是否为空，是否具有特定大小。用类型表达这些条件的检查虽然不是不可能，但很麻烦。

24.4 历史记录

编程语言中的类型经历了漫长的演变，今天仍在继续。在计算机诞生之初，数据值只有一种数值类型，完全由程序员来确保对这些值的操作是有意义的。1954 年，FORTRAN设计人员引入了整数和浮点数之间的区别，这种区别由变量名称的第一个字母表示。这个看似简单的决定最终对编程语言的发展产生了巨大的影响。

几年后，Algol 60 语言进一步引入了整数、实数和布尔值的标识符声明。除了FORTRAN 中简单的整数与浮点数区别之外，Algol 60 是第一个支持编译时类型检查的主要语言。在 20 世纪 60 年代，许多语言扩展了 Algol 60 的类型概念。PL/I、Pascal 和 Simula等语言对编程语言类型的演变做出了重大贡献。

到 20 世纪 60 年代末，静态类型系统在编程语言中取得了坚实的基础：Algol 68 的类型系统（包括：作为第一类值的过程、大量的原始类型、类型构造函数、相等规则和强制转换规则）非常复杂，许多人发现它难以使用。Algol 影响了它之后几乎所有主要编程语言的设计。静态类型检查也受到了这种影响。

与此同时，LISP 也开发了一个非常简单的类型系统，它只包含列表和一些原始数据类型。这种简单性来自 LISP 所基于的理论——λ 演算。多年来，类型系统变得越来越复杂，但它的基础没有改变：值有类型，变量没有。这是动态类型的基础。

在 20 世纪 60 年代后期，第一个面向对象语言 Simula 将类型的概念进行了扩展，使其包括了类。类的实例可以被分配给类值的变量。这些类类型提供的接口由它们声明的过程和数据组成。之后的所有 OOP 语言都建立在这个概念之上。

在 20 世纪 70 年代，受 λ 演算类型化版本的影响，对函数式编程语言 ML 的研究产生了一系列类型系统，这些系统能够静态推断表达式的类型而不需要显式类型注释。Haskell 就属于这一类。

正如第 20 章所述，Mesa 语言（一种在设计时就考虑到了物理模块化的语言）引入了与模块实现分开的类型化接口。我们现在在 Java 和 C# 中也看到了这个概念。

对类型系统的研究远未结束。一些研究人员认为，编程中的各种逆境问题都可以通过高级静态类型系统来解决。这种信念是继续使用类型设计新方法的强大动力。最近的研究还包括可以打开和关闭的可选静态类型检查。

24.5 延伸阅读

Cardelli, L. (2004). Type systems. *CR Handbook of Computer Science and Engineering* 2nd ed. Ch 97. CRC Press, Boca Raton, FL.

概要：编程语言中类型和类型系统的最佳概述之一。

Hanenberg, S. (2010). An experiment about static and dynamic type systems. *ACM Conference on Object-Oriented Programming, Systems, Languages and Applications (OOPSLA'10).*

概要：多年来，关于静态类型检查和动态类型检查之间的争论已经谈了很多。迄今为止，仍没有强有力的经验证据表明其中一种比另一种更好。这些讨论往往围绕业内和个人喜好展开。这是迄今为止为数不多的试图以某种方式寻找科学证据的研究之一。

24.6 词汇表

❑ **动态类型检查**：在程序执行期间完成的类型规则检查。

❑ **显式类型**：将类型声明作为语言语法一部分。

❑ **隐式类型**：语言语法中没有出现的类型（声明）。

❑ **静态类型检查**：在执行程序之前完成的类型规则检查。

❑ **类型强制转换**：将数据值从一种类型转换为另一种类型。
❑ **类型推断**：自动查找表达式（结果）类型的过程，它基本上来自表达式的叶子结点。
❑ **类型安全**：它确保程序不会执行由于类型不匹配而可能导致不可预期结果的指令。

24.7 练习

1. 用另一种语言实现示例程序，但风格不变。
2. 示例程序的 `AcceptTypes` 装饰器仅适用于函数的输入参数。编写另一个名为 `ReturnTypes` 的装饰器，使它对函数的返回值做类似的事情。例如：

```
@ReturnTypes(list)
@AcceptTypes(str)
def extract_words(path_to_file):
    ...
```

3. 使用 Python 3.x 提出一种执行静态类型检查的机制。在示例程序中使用该机制。提示：使用函数注释。
4. 使用这种风格编写"导言"中提出的任务之一。

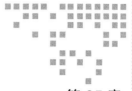

隔离风格

25.1　约束条件

❑ 核心程序的函数没有任何类型的副作用，包括 IO。

❑ 所有 IO 操作都必须包含在计算序列中，并且与"纯"函数明显分开。

❑ 所有包含 IO 操作的序列必须从主程序中被调用。

25.2　此编程风格的程序

```
1  #!/usr/bin/env python
2  import sys, re, operator, string
3
4  #
5  # The Quarantine class for this example
```

```
6  #
7  class TFQuarantine:
8      def __init__(self, func):
9          self._funcs = [func]
10
11     def bind(self, func):
12         self._funcs.append(func)
13         return self
14
15     def execute(self):
16         def guard_callable(v):
17             return v() if hasattr(v, '__call__') else v
18
19         value = lambda : None
20         for func in self._funcs:
21             value = func(guard_callable(value))
22         print(guard_callable(value))
23
24 #
25 # The functions
26 #
27 def get_input(arg):
28     def _f():
29         return sys.argv[1]
30     return _f
31
32 def extract_words(path_to_file):
33     def _f():
34         with open(path_to_file) as f:
35             data = f.read()
36         pattern = re.compile('[\W_]+')
37         word_list = pattern.sub(' ', data).lower().split()
38         return word_list
39     return _f
40
41 def remove_stop_words(word_list):
42     def _f():
43         with open('../stop_words.txt') as f:
44             stop_words = f.read().split(',')
45         # add single-letter words
46         stop_words.extend(list(string.ascii_lowercase))
47         return [w for w in word_list if not w in stop_words]
48     return _f
49
50 def frequencies(word_list):
51     word_freqs = {}
52     for w in word_list:
53         if w in word_freqs:
54             word_freqs[w] += 1
55         else:
56             word_freqs[w] = 1
57     return word_freqs
58
59 def sort(word_freq):
60     return sorted(word_freq.items(), key=operator.itemgetter(1),
61         reverse=True)
62 def top25_freqs(word_freqs):
63     top25 = ""
```

```
64        for tf in word_freqs[0:25]:
65            top25 += str(tf[0]) + ' - ' + str(tf[1]) + '\n'
66        return top25
67
68    #
69    # The main function
70    #
71    TFQuarantine(get_input) \
72    .bind(extract_words) \
73    .bind(remove_stop_words) \
74    .bind(frequencies) \
75    .bind(sort) \
76    .bind(top25_freqs) \
77    .execute()
```

25.3 评注

这种风格利用了函数组合的另一种变体。它的约束条件很有意思，如第一个约束条件：核心程序不能做 IO 操作。对于我们的词频任务（其 IO 操作为读取文件并在屏幕上输出结果），这个约束提出了一个令人费解的问题：如果函数无法读取诸如《傲慢与偏见》之类的文本文件并且无法将内容打印在屏幕上，那我们该怎么办？事实上，如今，编写一个不以任何方式与用户、文件系统和网络进行交互的程序是根本不可能的。

在解释如何做之前，我们先看看为什么会有人想在这种看似不合理的约束下编程。每当程序中的函数需要与外界交互时，它们就失去了数学函数的"纯粹性"——它们不再只是输入与输出的关系，它们要么通过其他方式获取数据，要么通过其他方式泄露数据。从软件工程的角度来看，这些"不纯粹"的函数更难处理。以被动攻击风格示例程序中定义的函数 extract_words 为例，我们完全无法保证使用完全相同的 path_to_file 参数（该示例中的第 7 行）对该函数进行两次不同的调用，会产生完全相同的单词列表，例如，可能有人在两次调用期间替换了文件。由于外部世界的不可预测性，"不纯"函数比"纯"函数更难推理（例如测试）。因此，程序设计要求避免或至少最小化 IO 操作。隔离风格便受到这种设计哲学和 Haskell 的 IO 单子的启发：它完全隔离所有 IO 操作。下面是它的工作原理。

核心程序函数（即一阶函数）不能进行 IO 操作，它们需要保持"纯粹性"，即用相同的参数调用它们总是产生相同的结果。但是，高阶函数可以执行 IO 操作。因此，整体方法是将所有"受 IO 操作影响"的代码封装在高阶函数中，将这些代码链接到序列中而不执行它们，只在不得不执行 IO 操作时，在主程序中调用该（函数）链。

我们来看一下示例程序。首先，我们来看第 27 行和第 66 行之间的函数。共有两种函数：执行 IO 操作的函数和不执行 IO 操作的函数。执行 IO 操作的函数有：（1）get_input（第 27 ～ 30 行），它从命令行读取输入；（2）extract_words（第 32 ～ 39 行），它打开文件并读取内容；（3）remove_stop_words（第 41 ～ 48 行），它打开停用词文件并读取内容。其余的三个函数——frequencies、sort 和 top25_freqs——按我们之前的定义来看是"纯粹的"：给定相同的输入，它们将始终产生相同的输出，并且不与外界交互。

为了识别具体执行 IO 操作的函数并将它们与其他函数分开，我们将这些函数的主体抽象为高阶函数：

```
1  def func(arg):
2      def _f():
3          ...body...
4      return _f
```

这样做可使一阶函数变得"纯粹"，因为对它们的任何调用都将始终返回相同的值（它们的内部函数）而没有任何副作用。如果我们调用 get_input, Python 解释器会给出：

```
>>> get_input(1)
<function _f at 0x01E4FC70>

>>> get_input([1, 2, 3])
<function _f at 0x01E4FC30>

>>> get_input(1)
<function _f at 0x01E4FC70>

>>> get_input([1, 2, 3])
<function _f at 0x01E4FC30>
```

我们隔离了 IO 操作相关的代码，以便它不会在示例程序的函数的第一级被执行。在第一级，这些函数很容易处理——它们什么都不做，只返回一个函数。调用它们是绝对安全的：外部世界不会受到任何影响，因为内部函数还没有被执行。其他三个"纯"函数以正常、直接的方式编写。

但是，如果推迟受 IO 操作影响的函数的执行，我们如何才能真正组合这些函数，让它们读取文件、计算单词、在屏幕上打印字符？首先要注意的是，下面这样是行不通的：

```
1  top25_freqs(sort(frequencies(remove_stop_words(extract_words(
       get_input(None))))))
```

我们需要用另一种方法来定义函数顺序。此外，我们需要坚持这个顺序，直到与外界交互的时间到来。根据这种风格的约束，那个时刻只能在主函数中：IO 操作不能在程序执行的任意部分完成。

函数链接是在主程序（从第 71 行开始）中完成的，使用了第 7 ~ 22 行中定义的 Quarantine 类的实例。我们之前在第 10 章中见过这些函数链。但是这条链有些不一样，我们来看一下 TFQuarantine 类。

与我们之前看到的其他受单子启发的类一样，该类也包含一个构造函数、一个 bind 方法，以及一个被称为 execute 的方法。execute 方法揭示了类内部的内容。该类实例的想法是，在调用 execute 方法之前保持函数列表而不调用它们。因此，bind 方法只将给定的函数添加到函数列表中（第 12 行），返回实例以供进一步绑定或执行（第 13 行）。execute 方法是动作发生的地方：它遍历函数列表（第 20 行），一个接一个地调用它们（第 21 行）。每次调用的参数是前一次调用的返回值。在迭代结束时，我们打印出最后一个值（第 22 行）。

TFQuarantine 对函数链进行惰性求值：它首先存储它们而不调用它们，只有在 main 中调用 execute 方法时，才会调用函数链。

在实现 execute 方法时，我们需要小心，因为通过自愿选择，我们为自己设定了两类函数：返回高阶函数（受 IO 影响的代码）的函数和具有正常函数体的函数。由于我们可以在函数链中同时拥有这两类函数，execute 方法需要知道它需要应用该值还是只需要引用它（第 21 行函数调用中的参数）。因此，第 16、17 行的 guard_callable 内部函数调用值或引用值，具体取决于该值是否可调用（函数可调用，字符串、字典等简单数据类型不可调用）。

需要注意的是，本章中的风格以及展示它的特定实现并没有重点突出反映 Haskell 的 IO 单子。忠实再现 IO 单子不是这里的目标，我们更关注每种风格的重要约束。但重要的是要了解这些差异是什么。

首先，Haskell 是一种强类型语言，它对单子的实现和使用与类型密切相关。执行 IO 操作的函数属于某种 IO 类型，这些 IO 类型是语言的一部分。对于 Python 和此处展示的隔离风格的实现，情况却并非如此。Haskell 通过点符号为函数链提供了一些语法糖，这使得这些函数链看起来像命令式命令的序列。此处也没有这么做。更重要的是，在 Haskell 中，这种风格不是程序员自愿选择的，它是语言设计的一部分，并且通过类型推断得到严格执行。也就是说，IO 操作必须以这种方式完成⊖。例如，我们不能在某个函数中执行 IO 单子，它必须从 main 函数中调用。在我们的例子中，所有的选择——例如决定通过返回高阶函数来标记 IO 函数——都是程序员自愿的，唯一目的是使该风格的约束在代码中可见。如本书的一贯风格，也可以采用其他满足约束条件的实现选项。

这种风格是否真正达到了最小化 IO 操作的最终目的？显然，它没有达到目的。程序员仍然可以编写拥有与其他风格一样多的 IO 操作的程序，就像我们对词频任务所做的那样。然而，这种风格在实现最终目的的过程中只做了一件事：它迫使程序员仔细考虑哪些函数执行 IO 操作、哪些函数不执行 IO 操作。通过这样的考虑，在将 IO 操作的代码与其余代码分开方面，他们可能更加负责，这是一件好事。

25.4 系统设计中的此编程风格

IO 操作将会带来问题，这并不局限于设计小规模程序的范围。事实上，这个问题本质

⊖ 忽略执行不安全的 IO 操作。

上在大型分布式系统中更为明显，其中磁盘访问、网络延迟和服务器负载会对用户体验产生巨大影响。

例如，考虑作为多用户游戏一部分的 Web 服务器，它为以下类型的 URL 返回图像：http://example.com/images/fractal?minx=-2&maxx=1&miny=-1&maxy=1。此分形服务至少可以通过两种不同的方式实现：（1）它可以从存储分形图像的数据库中获取图像，如果图像在数据库中不存在，则首先生成图像并保存它；（2）它总是可以在不访问磁盘的情况下即时生成图像。第一种方法是我们在计算系统中普遍使用的经典计算和缓存值的方法，相当于上述"不纯"函数。第二种方法相当于"纯"函数，乍一看似乎更糟，因为对于每个参数相同的请求，我们都会重新计算一次图像，会占用更多的 CPU 计算周期。

鉴于 Web 在设计时就考虑了显式缓存，以上两种情况下都可以将图像服务器上的这些图像标记为允许缓存较长时间，从而通过 Internet 上的 Web 缓存减少原始服务器上的负载。这削弱了关于方法 2 更糟糕的论点。

第二个需要考虑的切面是磁盘访问时间与计算图像所需时间的对比。如今 CPU 速度如此之快，以至于磁盘访问已成为许多应用程序的瓶颈。在许多情况下，与从磁盘获取预先生成的数据相比，使用程序生成数据可以显著提高性能。在我们的图像服务器的例子中，情况可能是如此，也可能不是；但如果响应时间很重要，则需要考虑两者之间的权衡。

第三个需要考虑的切面是需要提供的图像的种类以及存储它们所需的磁盘容量。我们的图像服务可以生成无限的不同分形图像，参数 minx、maxx、miny 和 maxy 的每个组合对应一个图像。图像通常占用大量字节（存储空间）。因此，如果我们期望有数千个客户端请求数十万个不同的分形图像，那么存储它们可能不是一个好主意。

最后需要考虑的一个切面是服务规范更改的后果。例如，此服务的第一个实现可能会生成光谱红色部分的图像，但我们可能希望在某个时间更改它以生成光谱蓝色部分的图像（例如图形设计师改变他们配色方案的方法）。如果使用方法 1（数据库）时发生这种情况，我们需要从数据库中删除这些图像——这本身可能存在问题，具体取决于这些图像的存储方式以及是否有其他图像存储在同一个表中。如果使用方法 2，这种变化处理起来很简单，因为图像总是即时生成的。在任何一种方法下，如果我们之前将这些图像的 Web 缓存过期时间设置为未来的某个日期，则有些客户端可能会在很长时间内看不到这种更改——这也暴露了使用缓存带来的问题⊖。

如果我们相信即时生成（即"纯"函数）对图像服务有益，那么第三种更激进的方法是将服务器端分形生成函数发送到客户端，让客户端来完成生成图形的工作，从而将这些计算负载从服务器上移除。这只能在该函数不执行 IO 操作的情况下完成。

所有这些分析都表明，IO 操作确实是大型分布式系统中的一个重要问题。任何在小范围内突出这个问题的编程技术和风格都值得研究，以了解系统设计级别的权衡。

⊖ "在计算机科学中，只有两件困难的事情：缓存失效和命名。"——这句话通常被认为是 Phil Karlton 说的。

25.5 历史记录

在 20 世纪 90 年代初期,单子在 Haskell 编程语言背景下被引入编程语言。IO 操作是引入它们的主要原因,因为 IO 操作在"纯"函数式语言中一直是一个有争议的问题。

25.6 延伸阅读

Peyton-Jones, S. and Wadler, P. (1993). Imperative functional programming. *20th Symposium on Principles of Programming Languages* ACM Press.

概要:对单子的另一种看法。

Wadler, P. (1997). How to declare an imperative. *ACM Computing Surveys* 29(3): 240–263.

概要:更多关于单子的看法。Philip Wadler 的论文读起来总是很有趣。

25.7 词汇表

- ❑ **"纯"函数**:对于相同的输入值,结果始终相同的函数。除了其显式参数外,它不依赖于任何数据,并且对外部世界没有任何可观察到的影响。
- ❑ **"不纯"函数**:除了将输入映射到输出之外,还依赖于其显式参数以外的数据,也可能改变外部世界的可观察状态。
- ❑ **惰性求值**:一种程序执行策略,它延迟表达式的求值,直到它们的值绝对需要时才求值。

25.8 练习

1. 用另一种语言实现示例程序,但风格不变。
2. 找到一种方法来证明第 71 行中定义的函数链确实只是创建函数链而并未执行它们。
3. 修改 `top25_freqs` 函数,不将结果累积在字符串中,而是直接在屏幕上打印数据,每次打印一个单词 – 词频对。在不违反此风格约束的前提条件下,完成此操作。
4. 这种风格的目标是强迫程序员将 IO 操作相关的代码与其他代码隔离开来。示例程序中三个受 IO 影响的函数中的两个,即 `extract_words` 和 `remove_stop_words`,最终做的不仅仅是 IO 操作。重构程序,以便更好地将 IO 操作相关的代码与其余代码分开。
5. 使用这种风格编写"导言"中提出的任务之一。

第七部分 *Part 7*

以数据为中心

编程时，问题"需要发生什么？"通常使我们专注于函数、过程或对象。计算机科学中对算法的强调强化了行为优先的方法。然而，很多时候首先考虑数据更有益，也就是说，关注应用程序的数据并根据需要增加行为。这是一种非常不同的编程方法，会产生不同的编程风格。接下来的三章展示了三种把数据放在第一位，然后再考虑计算的编程风格。第一种风格中的持久表是众所周知的关系模型，另外两种风格属于数据流编程风格。

持久表风格

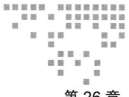

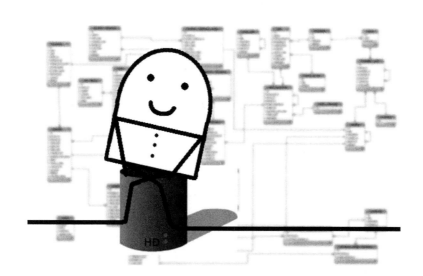

26.1　约束条件

☐ 数据存在于使用它的程序之外，可被许多不同的程序使用。

☐ 数据的存储方式使它能被更容易、更快捷地访问。例如：

- 问题的输入数据被建模为一个或多个系列的数据域或数据类型。
- 具体数据被建模为拥有多个域的组件，从而在应用程序的数据与已被识别的域之间建立关系。

☐ 通过对数据进行查询来解决问题。

26.2　此编程风格的程序

```python
#!/usr/bin/env python
import sys, re, string, sqlite3, os.path

#
# The relational database of this problem consists of 3 tables:
# documents, words, characters
#
def create_db_schema(connection):
    c = connection.cursor()
    c.execute('''CREATE TABLE documents (id INTEGER PRIMARY KEY
        AUTOINCREMENT, name)''')
    c.execute('''CREATE TABLE words (id, doc_id, value)''')
    c.execute('''CREATE TABLE characters (id, word_id, value)''')
    connection.commit()
    c.close()

def load_file_into_database(path_to_file, connection):
    """ Takes the path to a file and loads the contents into the
        database """
    def _extract_words(path_to_file):
        with open(path_to_file) as f:
            str_data = f.read()
        pattern = re.compile('[\W_]+')
        word_list = pattern.sub(' ', str_data).lower().split()
        with open('../stop_words.txt') as f:
            stop_words = f.read().split(',')
        stop_words.extend(list(string.ascii_lowercase))
        return [w for w in word_list if not w in stop_words]

    words = _extract_words(path_to_file)

    # Now let's add data to the database
    # Add the document itself to the database
    c = connection.cursor()
    c.execute("INSERT INTO documents (name) VALUES (?)", (
        path_to_file,))
    c.execute("SELECT id from documents WHERE name=?", (
        path_to_file,))
    doc_id = c.fetchone()[0]

    # Add the words to the database
    c.execute("SELECT MAX(id) FROM words")
    row = c.fetchone()
    word_id = row[0]
    if word_id == None:
        word_id = 0
    for w in words:
        c.execute("INSERT INTO words VALUES (?, ?, ?)", (word_id,
            doc_id, w))
        # Add the characters to the database
        char_id = 0
        for char in w:
            c.execute("INSERT INTO characters VALUES (?, ?, ?)", (
                char_id, word_id, char))
            char_id += 1
        word_id += 1
```

```
51      connection.commit()
52      c.close()
53
54  #
55  # Create if it doesn't exist
56  #
57  if not os.path.isfile('tf.db'):
58      with sqlite3.connect('tf.db') as connection:
59          create_db_schema(connection)
60          load_file_into_database(sys.argv[1], connection)
61
62  # Now, let's query
63  with sqlite3.connect('tf.db') as connection:
64      c = connection.cursor()
65      c.execute("SELECT value, COUNT(*) as C FROM words GROUP BY
            value ORDER BY C DESC")
66      for i in range(25):
67          row = c.fetchone()
68          if row != None:
69              print(row[0], '-', str(row[1]))
```

26.3 评注

在这种风格中，我们希望对数据进行建模和存储，以便将来可以通过各种方式对其进行访问。对于词频任务，如果需要多次进行，那么我们可能并不总是希望在每次计算词频时都以原始形式读取和解析文件。此外，我们可能想挖掘有关书籍的更多事实，而不仅仅是词频。因此，这种风格不鼓励以原始形式使用数据，而采用输入数据的其他表现形式，以便使其在现在和将来更容易挖掘。实现这一目标的一种方法是，识别需要存储的数据类型（域），并将具体数据片段与这些域相关联，形成表格。有了明确的实体关系模型，我们就可以用数据填充表格，并使用声明性查询访问数据的各个部分。

我们从后面开始，看一下示例程序。第 57 ～ 60 行检查数据库文件是否已经存在，如果不存在，程序会创建它并用输入文件中的数据填充它。

程序的其余部分（从第 63 行开始）完全可能是另一个程序，它查询数据库。用于查询它的语言是众所周知的结构化查询语言（Structured Query Language，SQL）。第 64 行获取一个游标——一个可以遍历数据库中记录的对象（类似于编程语言中的迭代器）。我们在该游标上执行一条 SQL 语句，计算单词表中每个单词出现的次数，按频率降序排列。最后，我们遍历检索到的数据的前 25 行，打印第一列（单词）和第二列（词频）。我们来看一下程序的每个函数。

create_db_schema（第 8 ～ 14 行）获取与数据库的连接并创建关系模式。我们将数据分为文档、单词和字符，每一类都放在一张表上。文档是元组，由 id（整数）和名称组成；单词也是元组，由 id、对文档 id 的交叉引用（单词出现的位置）和值组成；字符还是元组，由 id、对单词 id 的交叉引用（字符出现的位置）和值组成[⊖]。

⊖ 实体关系模型设计是计算机科学中一个被广泛研究的课题，这里的目标不是介绍它。

load_file_into_database（第 16 ~ 52 行）获取文件路径和与数据库的连接，然后填充表格。它首先将文件名作为值添加文档行（第 33 行）。第 34、35 行从我们刚刚插入的行中获取自动生成的文档 id，以便我们可以将其用于标记单词。第 38 行在单词表中查询最新的单词 id，以便程序可以从这里继续执行。然后，该函数继续填写单词表和字符表（第 43 ~ 50 行）。最后，数据被提交到数据库（第 51 行），游标被释放（第 52 行）。

26.4　系统设计中的此编程风格

数据库在计算世界中无处不在，尤其是关系数据库，它是最受欢迎的数据库。它们的目的与 1955 年的相同：存储数据以供日后检索。

每当应用程序有这种需求（而且它们经常有这样的需求）时，就会有一些持久表风格的方案，但这些方案经常都达不到要求。对于初学者来说，应用程序可以以某种临时的方式存储数据。对于简单的批量存储和访问，这种方法可能非常合适。例如，应用程序将数据存储在逗号分隔值（Comma-Separated Value，CSV）文件中的情况很常见。但是，当需要选择性地而不是批量地从存储空间中访问数据时，就需要使用更好的数据结构。人们总是会想到某种形式的数据库技术，因为它们往往是成熟而可靠的软件——而且速度也很快。

使用何种数据库技术取决于应用程序。关系数据库支持涉及多条数据的复杂查询。它们采取保守的方法（Tantrum 风格）来应对逆境：通过终止未能作为一个整体提交的部分更改。由于 ACID（Atomicity、Consistency、Isolation、Durability，分别为原子性、一致性、隔离性、持久性）属性，关系数据库能够确保一致性。虽然一些应用程序需要这些功能，但许多其他应用程序不一定需要，反而可以使用更轻量级的技术，例如 NoSQL。

在不需要存储数据供以后分析的应用程序中，这种编程风格显然是多余的。

26.5　历史记录

到 20 世纪 60 年代初期，一些公司和政府实验室已经在存储和处理相对大量的数据，并且主要将计算机用作数据处理器。数据库一词出现于 20 世纪 60 年代中期，恰逢直接存取存储设备（又名磁盘）的出现——磁盘是对磁带的改进。早期，工程师们意识到以某种结构化方式存储数据将支持用新存储技术进行更快的数据访问。在 20 世纪 60 年代，人们使用的主要模型是导航模型。导航数据库是一种可以通过引用找到记录或对象的数据库。该模型使用了两种主要方法：层次数据库和网络数据库。层次数据库将数据分解成树结构，父节点可以有很多子节点，但子节点只有一个父节点。网络数据库将该模型扩展为图结构。

关系数据库模型是在 20 世纪 60 年代后期由为 IBM 工作的计算机科学家 Edgar Codd 制定的。伴随这个模型的想法比当时的技术要好得多，以至于关系数据库很快成为存储数据的标准。

在 20 世纪 80 年代，面向对象编程的出现带来了"对象 - 关系阻抗失配"，即 OOP 程序的对象模型和用于长期存储的关系数据模型在某种程度上发生了冲突。OOP 数据更像是一张图，所以它带回了 20 世纪 60 年代网络数据模型的一些概念。这种不匹配导致了对象数据库和对象关系数据库的出现，它们取得了一定的成功，但并不像人们预期的那样成功。如今，即使使用 OOP 语言，关系数据库仍然是首选数据库。

最近，NoSQL 数据库发展势头很猛，这是一类将高度优化的键值对作为存储基础的数据存储系统，本质上仍然是表格形式。NoSQL 数据库非常适合进行简单的获取和添加操作，不适合进行复杂的数据关系访问。

26.6　延伸阅读

Codd, E.F. (1970). Relational model of data for large shared data banks. *Communications of the ACM* 13(6): 377–387.

概要：描述关系模型并启动这一切的原始论文。

26.7　词汇表

- ❑ **实体**：关系数据库中的一个 N 元组，包含来自 N 个域的数据。
- ❑ **关系**：数据和域（表）之间的关联关系。

26.8　练习

1. 用另一种语言实现示例程序，但风格不变。
2. 从示例程序开始，将其分成两个程序：一个程序将给定文件中的数据添加到数据库中；另一个从数据库中读取数据。更改程序，使其将数据存储在文件系统中，而不是存储在内存中。
3. 从 Gutenberg collection 下载另一本书，例如 http://www.gutenberg.org/files/44534/44534-0.txt。用《傲慢与偏见》和这本书填充数据库。
4. 查询数据库，找出以下问题的答案，并展示查询和答案（忽略停用词）：
   a. 每本书中最常出现的 25 个单词分别是什么？
   b. 每本书有多少单词？
   c. 每本书有多少个字符？
   d. 每本书中最长的单词分别是什么？
   e. 每个单词的平均字符数是多少？
   f. 每本书最常出现的 25 个单词的字符总长度是多少？
5. 使用这种风格编写"导言"中提出的任务之一。

Chapter 27 | 第 27 章

电子表格风格

27.1 约束条件

❑ 问题的建模类似于包含数据列和公式的电子表格。

❑ 根据公式，有些数据依赖于其他数据。当数据发生变化时，依赖它的其他数据也会自动发生变化。

27.2 此编程风格的程序

```python
#!/usr/bin/env python
import sys, re, itertools, operator

#
# The columns. Each column is a data element and a formula.
# The first 2 columns are the input data, so no formulas.
#
all_words = [(), None]
stop_words = [(), None]
non_stop_words = [(), lambda : \
                        list(map(lambda w : \
                          w if w not in stop_words[0] else '',\
                            all_words[0]))]
unique_words = [(),lambda :
                    set([w for w in non_stop_words[0] if w!=''])]
counts = [(), lambda :
                list(map(lambda w, word_list : word_list.count(w),
                      \
                      unique_words[0], \
                      itertools.repeat(non_stop_words[0], \
                          len(unique_words[0])))))]
sorted_data = [(), lambda : sorted(zip(list(unique_words[0]), \
                          list(counts[0])), \
                          key=operator.itemgetter(1),
                          reverse=True)]

# The entire spreadsheet
all_columns = [all_words, stop_words, non_stop_words,\
              unique_words, counts, sorted_data]

#
# The active procedure over the columns of data.
# Call this everytime the input data changes, or periodically.
#
def update():
    global all_columns
    # Apply the formula in each column
    for c in all_columns:
        if c[1] != None:
            c[0] = c[1]()


# Load the fixed data into the first 2 columns
all_words[0] = re.findall('[a-z]{2,}', open(sys.argv[1]).read().
    lower())
stop_words[0] = set(open('../stop_words.txt').read().split(','))
# Update the columns with formulas
update()

for (w, c) in sorted_data[0][:25]:
    print(w, '-', c)
```

27.3 评注

与持久表风格相似，此风格也使用表格数据，但目标不同。这里的目标不是存储数据供以后查询，而是模拟已经在会计领域中使用了数百年的优秀的旧式电子表格。在会计行业中，数据以表格形式展现，有些列存放原始数据，也有些列存放由多个其他列经过某种组合（如求总和、平均数等）产生的结果数据。如今，大家都在使用电子表格，然而，很少有人意识到电子表格的底层编程模型非常强大，并且是数据流编程风格的一个很好的例子。

我们来看一下示例程序。为了理解它，想象一下 Excel 电子表格是很有用的。从概念上讲，程序的基本想法是将书中的所有单词"放置"在第一列中，每行一个，将停用词"放置"在第二列中，每行一个。之后，我们可以得到更多的列，它们是由对这两列和每列"左侧"的其他列的操作产生的。电子表格的列集合如下：

❑ 第 1 列，all_words（第 8 行），用输入文件中的所有单词填充。

❑ 第 2 列，stop_words（第 9 行），用停用词文件中的停用词填充。

❑ 第 3 列，non_stop_words（第 10 ~ 13 行），由剔除停用词（第 2 列给出）后的所有单词（来自第 1 列）填充。

❑ 第 4 列，unique_words（第 14、15 行），用去除重复词后的唯一非停用词（来自 non_stop_words 列）填充。

❑ 第 5 列，counts（第 16 ~ 20 行），用唯一单词（第 4 列）在非停用词列（第 3 列）中出现的次数填充。

❑ 第 6 列，sorted_data（第 21 ~ 24 行），将唯一单词（第 4 列）中每个单词和它对应的词频（第 5 列）组合成单词 – 词频元组，按词频降序排序后，用它填充该列。

我们来仔细看看这些列到底是什么。每列由包含两个元素的列表建模而成：包含值的列表和公式（函数），公式可能存在，也可能不存在。当公式存在时，我们使用公式生成值列表。update 函数（第 34 ~ 39 行）每次迭代一列，将列结构的第一个元素设置为应用公式后的结果。对于长时间运行的电子表格应用程序，update 函数是需要定期调用或在数据更改时调用的核心更新函数。示例程序仅在第 46 行中执行了一次 update 函数，发生在将输入文件的单词加载到第一列（第 43 行）并将停用词加载到第二列（第 44 行）之后。

27.4 系统设计中的此编程风格

电子表格编程风格在电子表格应用程序之外的使用并太多——至少它在电子表格应用程序之外的用途还没有被认可。但这种风格适用于处理数据密集型情况。

这种风格本质上是声明式和反应式的，这意味着它非常适合需要对不断变化的数据进行循环实时更新的数据密集型应用程序。这种风格是数据流编程风格的一个很好的例子，其中数据空间某些点的变化可以"流"到该空间的另一部分。

27.5　历史记录

电子表格是计算机应用程序的首要目标之一，并且像许多其他编程概念一样，是由几个人各自发明的。第一个电子表格程序是大型机上的批处理程序，用户可以在其中输入数据，按下按钮并等待其余数据更新。制作交互式电子表格的想法——自动更新相关数据——在20世纪60年代后期通过一个名为 LANPAR（LANguage for Programming Arrays at Random，随机数组编程语言）的系统实现。LANPAR 仍然使用大型机。交互式电子表格，这次带有 GUI，在20世纪70年代后期个人计算机时代开始时，再次被发明。名为 VisiCalc（Visible Calculator，可视计算器）的应用程序可以同时在 Apple 计算机和 PC 上运行。电子表格软件产品已经变得很有特色，但从那时起就没有太大变化。

27.6　延伸阅读

Power, D. J. (2002). A Brief History of Spreadsheets. DSSResources.com.
Available at: http://dssresources.com/history/sshistory.html

27.7　词汇表

❑ **公式**：使用数据空间，根据其他值来更新值的函数。

27.8　练习

1. 用另一种语言实现示例程序，但风格不变。
2. 使示例程序具有交互性：允许用户输入新的文件名，然后将文件的内容添加到数据空间并更新列，然后再次显示出现次数最多的25个单词。
3. 本示例程序的电子表格中每列都使用一个公式。修改程序，让每个单元格都能有自己的公式。
4. 使用这种风格编写"导言"中提出的任务之一。

Chapter 28 | 第 28 章

漂流风格

28.1 约束条件

❑ 数据以流的形式提供，而不是作为一个整体提供。

❑ 函数是将一种数据流变成另一种数据流的过滤器或转换器。

❑ 根据下游的需要在上游处理数据。

28.2 此编程风格的程序

```python
1  #!/usr/bin/env python
2  import sys, operator, string
3
4  def characters(filename):
5      for line in open(filename):
6          for c in line:
7              yield c
8
9  def all_words(filename):
10     start_char = True
11     for c in characters(filename):
12         if start_char == True:
13             word = ""
14             if c.isalnum():
15                 # We found the start of a word
16                 word = c.lower()
17                 start_char = False
18             else: pass
19         else:
20             if c.isalnum():
21                 word += c.lower()
22             else:
23                 # We found end of word, emit it
24                 start_char = True
25                 yield word
26
27 def non_stop_words(filename):
28     stopwords = set(open('../stop_words.txt').read().split(',') +
                  list(string.ascii_lowercase))
29     for w in all_words(filename):
30         if not w in stopwords:
31             yield w
32
33 def count_and_sort(filename):
34     freqs, i = {}, 1
35     for w in non_stop_words(filename):
36         freqs[w] = 1 if w not in freqs else freqs[w]+1
37         if i % 5000 == 0:
38             yield sorted(freqs.items(), key=operator.itemgetter(1)
                      , reverse=True)
39         i = i+1
40     yield sorted(freqs.items(), key=operator.itemgetter(1),
              reverse=True)
41 #
42 # The main function
43 #
44 for word_freqs in count_and_sort(sys.argv[1]):
45     print("-----------------------------")
46     for (w, c) in word_freqs[0:25]:
47         print(w, '-', c)
```

28.3 评注

漂流（lazy river）风格专注于处理这类问题：数据不断进入应用程序，甚至可能不会结束。在处理数据量已知，但大于可用内存的问题时，我们也会遇到同样的问题。该风格建立了从上游（数据源）到下游（数据接收器）的数据流，并且沿途建立处理单元。数据仅在接收器需要时才流经数据流。在任意时间点，数据流中唯一存在的数据是生成接收器所需数据的数据，因此避免了一次数据过多引起的问题。

示例程序由 4 个函数组成，它们都是生成器。生成器是简化的协程，允许我们根据需要迭代数据序列。生成器是包含 yield 语句的函数，而且通常可以在 yield 语句中找到 return 语句。在示例程序中，数据流是以文本方式从上到下建立的：顶部函数 characters（第 4 ～ 7 行）连接到数据源（文件），而 main 指令（第 44 ～ 47 行）驱动数据的获取和流动。

在讲解底层的数据流控制之前，我们先从上到下看一下各个函数：

- ❑ characters（第 4 ～ 7 行）每次遍历文件的一行（第 5 行）。然后，每次遍历该行的一个字符（第 6 行），生成下游的每个字符（第 7 行）。
- ❑ all_words（第 9 ～ 25 行）遍历由上面的函数（第 11 行）传递给它的字符，寻找单词。该函数中的逻辑与词首词尾的识别有关。当检测到单词结尾时，此函数会在下游生成（yield）该单词（第 25 行）。
- ❑ non_stop_words（第 27 ～ 31 行）遍历由上面的函数（第 29 行）传递给它的单词。对于每个单词，函数会检查它是否为停用词，仅当单词不是停用词时才输出（yield）它（第 30、31 行）。
- ❑ count_and_sort（第 33 ～ 40 行）遍历由前一个函数（第 35 行）传递给它的非停用词，并增加该单词的计数（第 36 行）。对于它处理的每 5000 个单词，生成其当前的词频字典并排序（第 37、38 行）。词典也在最后生成（第 40 行），因为来自上游的最后一批单词的数量可能不是 5000 的倍数。
- ❑ main 指令（第 44 ～ 47 行）遍历由前一个函数（第 44 行）传递的词频字典并将它们打印在屏幕上。

包含产生值的迭代的函数是特殊的：下次调用它们时，它们不会从头开始，而是从它们产生的地方恢复。因此，第 11 行中 characters 的迭代不会多次打开文件（第 5 行），相反，在第一次调用之后，第 11 行中后续每一个请求下一个字符的请求都只是从第 7 行中断的地方恢复 characters 函数。同样的情况也发生在其他生成器中。

了解了每个生成器的作用后，现在我们来看流控制。第 44 行对一系列词频字典进行了遍历。每次遍历都从 count_and_sort 生成器请求字典。该请求提示生成器采取行动：它开始遍历由 non_stop_words 生成器提供给它的非停用词，直到完成了 5000 个单词的处理，此时它将字典传递到下游。对每一个非停用词，count_and_sort 进行的每次迭代

都会提示 `non_stop_words` 生成器采取行动：它获取上游传递给它的下一个单词，如果该单词是非停用词，则在下游输出它；如果该单词是停用词，则获取另一个单词。类似地，每次 `non_stop_words` 向 `all_words` 请求下一个单词时都会提示 `all_words` 生成器采取行动：它从上游请求字符直到它识别出一个单词，此时它向下游输出该单词。

　　然后，数据流控制由底部的接收器代码驱动：只要 `main` 指令需要数据，数据将从源中获取，流经中间的生成器。因此，风格名称中的形容词"懒惰"（lazy）与普通函数的"渴望"（eager）形式形成对比[⊖]。例如，如果不采用第 44 行中的遍历方式，而是如下方式：

```
word_freqs = count_and_sort(sys.argv[1]).next()
```

那么，只有一个词频字典（即第一个字典）会被打印出来，并且文件只会被读取一部分，而不是整个文件被读取。

　　漂流风格和第 6 章中描述的流水线风格之间有许多相似之处。重要的区别在于数据流经函数的方式：在流水线风格中，数据是一整块（例如整个单词列表），一口气被处理；而在漂流风格中，数据懒洋洋地一点一点地流动，仅在接收器需要时才从源中获取。

　　当编程语言支持生成器时，漂流风格得到了很好的表达。一些编程语言，例如 Java，不支持生成器，漂流风格可以用 Java 中的迭代器来实现，但是代码会很难看。当编程语言不支持生成器或迭代器时，仍然可以采用这种编程风格，但这种意图的表达要复杂得多。在没有生成器和迭代器的情况下，实现这种风格下的约束的下一个最佳机制是使用线程。第 29 章介绍的编程风格非常适合处理这种以数据为中心的情形。

28.4　系统设计中的此编程风格

　　漂流风格在数据密集型应用程序中具有很大的价值，尤其是那些数据要么实时流式传输，要么非常大，或者两者兼有的应用程序。它的优势在于，在任意时间点，只有一部分数据需要保存在内存中，该数据量由数据的最终目标需求驱动。

　　编程语言对生成器的支持使得这种风格的程序变得优雅。正如即将在第 29 章中看到的，以特殊方式使用的线程是实现漂流风格程序的可行替代方案。然而，线程在创建和上下文切换方面，往往比生成器繁重得多。

28.5　历史记录

　　协程于 1963 年首次在 COBOL 编译器的上下文中引入。但是，它们并没有被纳入编程语言中。几种主流语言——特别是 C/C++ 和 Java——不支持任何形式的协程。

　　生成器最初是在 1977 年左右的 CLU 语言的上下文中描述的，当时它们被称为迭代器。

　　⊖　漂流风格的英文为 lazy river，故此处 lazy 与 eager 形成对比。——译者注

如今，迭代器一词用于表示面向对象风格的概念，即遍历容器的对象。生成器一词表示支持迭代的专用协程。

28.6 延伸阅读

Conway, M. (1963). Design of a separable transition-diagram compiler. *Communications of the ACM* 6(7): 396–408.

    概要：COBOL 编译器设计的描述，其中介绍了协程。

Liskov, B., Snyder, A., Atkinson, R. and Schaffert, C. (1977). Abstraction mechanisms in CLU. *Communications of the ACM* 20(8): 564–576.

    概要：论文描述了 CLU 语言，给出了迭代器的早期概念。

28.7 词汇表

- ❏ **协程**：允许多个入口点和出口点以暂停和恢复执行的过程。
- ❏ **生成器**：（又名半协程）一种特殊的协程，用于控制值序列的迭代。生成器总是将控制权交还给调用者，而不是程序的任意位置。
- ❏ **迭代器**：用于遍历值序列的对象。

28.8 练习

1. 用另一种语言实现示例程序，但风格不变。
2. 示例程序渴望演示各种数据流，最终却做了一些单一的事情——函数 all_words。使用 Python 的工具来处理单词（例如拆分单词）会好得多。在不改变编程风格的前提下更改程序，以便第一个生成器生成整行文本，第二个生成器使用适当的库函数从这些文本行中生成单词。
3. 一些不支持生成器的编程语言支持更冗长的同类对象，即迭代器（例如 Java）。Python 两者都支持。更改示例程序，使其使用迭代器而不是生成器。
4. 使用这种风格编写"导言"中提出的任务之一。

第八部分 *Part 8*

并　　发

到目前为止，我们看到的编程风格通常适用于所有应用程序。接下来的四种编程风格主要适用于具有并发单元的应用程序。并发之所以出现，一是因为应用程序有多个并发输入源，二是因为它们由分布在网络上的独立组件组成，三是因为将问题分成小块更有益，这样能够更有效地使用底层多核计算机。

第 29 章 *Chapter 29*

参与者风格

类似于信箱风格（见第 12 章），但它的事物具有独立的执行线程。

29.1 约束条件

❑ 较大的问题被分解为对问题域有意义的事物。

❑ 每个事物都有一个队列，用于让其他事物将消息放入其中。

❑ 每个事物都是一个数据胶囊，只公开其通过队列接收消息的能力。

❑ 每个事物都有独立于其他事物的执行线程。

29.2 此编程风格的程序

```python
1  #!/usr/bin/env python
2
3  import sys, re, operator, string
4  from threading import Thread
5  from queue import Queue
6
7  class ActiveWFObject(Thread):
8      def __init__(self):
9          Thread.__init__(self)
10         self.name = str(type(self))
11         self.queue = Queue()
12         self._stopMe = False
13         self.start()
14
15     def run(self):
16         while not self._stopMe:
17             message = self.queue.get()
18             self._dispatch(message)
19             if message[0] == 'die':
20                 self._stopMe = True
21
22 def send(receiver, message):
23     receiver.queue.put(message)
24
25 class DataStorageManager(ActiveWFObject):
26     """ Models the contents of the file """
27     _data = ''
28
29     def _dispatch(self, message):
30         if message[0] == 'init':
31             self._init(message[1:])
32         elif message[0] == 'send_word_freqs':
33             self._process_words(message[1:])
34         else:
35             # forward
36             send(self._stop_word_manager, message)
37
38     def _init(self, message):
39         path_to_file = message[0]
40         self._stop_word_manager = message[1]
41         with open(path_to_file) as f:
42             self._data = f.read()
43         pattern = re.compile('[\W_]+')
44         self._data = pattern.sub(' ', self._data).lower()
45
46     def _process_words(self, message):
47         recipient = message[0]
48         data_str = ''.join(self._data)
49         words = data_str.split()
50         for w in words:
51             send(self._stop_word_manager, ['filter', w])
52         send(self._stop_word_manager, ['top25', recipient])
53
54 class StopWordManager(ActiveWFObject):
55     """ Models the stop word filter """
```

```
56      _stop_words = []
57
58      def _dispatch(self, message):
59          if message[0] == 'init':
60              self._init(message[1:])
61          elif message[0] == 'filter':
62              return self._filter(message[1:])
63          else:
64              # forward
65              send(self._word_freqs_manager, message)
66
67      def _init(self, message):
68          with open('../stop_words.txt') as f:
69              self._stop_words = f.read().split(',')
70          self._stop_words.extend(list(string.ascii_lowercase))
71          self._word_freqs_manager = message[0]
72
73      def _filter(self, message):
74          word = message[0]
75          if word not in self._stop_words:
76              send(self._word_freqs_manager, ['word', word])
77
78  class WordFrequencyManager(ActiveWFObject):
79      """ Keeps the word frequency data """
80      _word_freqs = {}
81
82      def _dispatch(self, message):
83          if message[0] == 'word':
84              self._increment_count(message[1:])
85          elif message[0] == 'top25':
86              self._top25(message[1:])
87
88      def _increment_count(self, message):
89          word = message[0]
90          if word in self._word_freqs:
91              self._word_freqs[word] += 1
92          else:
93              self._word_freqs[word] = 1
94
95      def _top25(self, message):
96          recipient = message[0]
97          freqs_sorted = sorted(self._word_freqs.items(), key=
                  operator.itemgetter(1), reverse=True)
98          send(recipient, ['top25', freqs_sorted])
99
100 class WordFrequencyController(ActiveWFObject):
101
102     def _dispatch(self, message):
103         if message[0] == 'run':
104             self._run(message[1:])
105         elif message[0] == 'top25':
106             self._display(message[1:])
107         else:
108             raise Exception("Message not understood " + message
                  [0])
109
110     def _run(self, message):
111         self._storage_manager = message[0]
112         send(self._storage_manager, ['send_word_freqs', self])
```

```
113
114    def _display(self, message):
115        word_freqs = message[0]
116        for (w, f) in word_freqs[0:25]:
117            print(w, '-', f)
118        send(self._storage_manager, ['die'])
119        self._stopMe = True
120
121  #
122  # The main function
123  #
124  word_freq_manager = WordFrequencyManager()
125
126  stop_word_manager = StopWordManager()
127  send(stop_word_manager, ['init', word_freq_manager])
128
129  storage_manager = DataStorageManager()
130  send(storage_manager, ['init', sys.argv[1], stop_word_manager])
131
132  wfcontroller = WordFrequencyController()
133  send(wfcontroller, ['run', storage_manager])
134
135  # Wait for the active objects to finish
136  [t.join() for t in [word_freq_manager, stop_word_manager,
           storage_manager, wfcontroller]]
```

29.3 评注

这种风格是信箱风格的直接扩展，但对象有自己的线程。这些对象也被称为活动对象或参与者（actor）。对象通过发送放置在队列中的消息来相互交互。每个活动对象对其队列执行连续循环，一次处理一条消息，如果队列为空，则阻塞。

示例程序首先定义 ActiveWFObject 类（第 7 ~ 20 行），用于实现活动对象的一般行为。活动对象继承自 Thread（第 7 行），这是一个支持并发线程执行的 Python 类。这意味着当第 13 行中线程的 start 方法被调用时，它们的 run 方法（第 15 ~ 20 行）会同时被生成。每个活动对象都有一个名称（第 10 行）和一个队列（第 11 行）。Python 中的 Queue 对象实现了一种队列数据类型，如果队列为空，调用 get 操作的线程可能会被阻塞。run 方法（第 15 ~ 20 行）运行一个无限循环，从队列中取出一条消息，如果队列为空，则可能会阻塞，然后分派该消息。特殊消息 die 会打破循环并使线程停止（第 19、20 行）。任何活动的应用程序对象都继承 ActiveWFObject 的行为。

第 22、23 行定义了一个向接收者发送消息的函数。在本例中，发送消息意味着将其放入接收者的队列中（第 23 行）。

接下来，我们有 4 个活动的应用程序对象。在这个程序中，我们采用了与信箱风格示例程序相同的设计，因此类及其作用完全相同，有一个数据存储实体（第 25 ~ 52 行）、一个停用词实体（第 54 ~ 76 行）、一个用于保存词频的实体（第 78 ~ 98 行）和应用程序控制器（第 100 ~ 119 行）。它们都继承自 ActiveWFObject，这意味着这些类的实例化都会产生独立运行 run 方法的新线程（第 15 ~ 20 行）。

在 main 方法（第 124 ~ 136 行）中，我们为每个类实例化一个对象，因此当应用程序运行时会产生 4 个线程和 1 个主线程。主线程只阻塞，直到活动对象的线程全部停止（第 136 行）。

程序中的每条消息都是一个列表，它包含任意数量的元素，这些元素的第一个位置是消息标记。对象引用可以通过消息来发送。例如，主线程发送给 StopWordManager 对象的 "init" 消息是 ['init', word_freq_manager]（第 127 行），其中 word_freq_manager 是对另一个活动对象（即 WordFrequencyManager 的实例）的引用；主线程发送给 DataStorageManager 对象的 "init" 消息是 ['init', sys.argv[1], stop_word_manager]。

我们来更详细地研究一下每个活动的应用程序对象，以及它们之间交换的消息。应用程序首先向停用词管理器（第 127 行）和数据存储管理器（第 130 行）发送 "init" 消息。这些消息由相应活动对象的线程（第 18 行）分派，这导致执行相应 dispatch 方法——分别见第 58 ~ 65 行和第 29 ~ 36 行。在这两种情况下，"init" 消息都会导致文件被读取，其数据以某种形式被处理。接着，主线程将 "run" 消息发送到应用程序控制器（第 133 行），这会触发对输入数据执行词频任务。我们来看它们如何工作。

收到 "run" 消息后，词频控制器存储对数据存储对象的引用（第 111 行），并向其发送消息 "send_word_freqs" 和对自身的引用（第 112 行）。反过来，当数据存储对象接收到 "send_word_freqs"（第 32 行）时，它开始处理这些单词（第 46 ~ 52 行），这导致将每个单词连同消息 "filter" 一起发送到停用词管理器对象（第 50、51 行）。在接收到 "filter" 消息后，停用词管理器对象过滤该单词（第 73 ~ 76 行），这导致将非停用词与消息 "word" 一起发送到词频管理器（第 75、76 行）。反过来，词频管理器对象会增加通过消息 "word" 接收到的每个词的计数（第 88 ~ 93 行）。

当数据存储管理器处理完单词时，它会向停用词管理器发送消息 "top25" 以及对接收者的引用（第 52 行）——记住接收者是应用程序控制器（参见第 112 行）。然而，停用词管理器不理解该消息，因为该消息不是其 dispatch 方法中的预期消息之一（第 58 ~ 65 行）。停用词管理器的 dispatch 方法被实现，以便将任何非预期的消息简单地转发到词频管理器对象，因此转发 "top25" 消息。反过来，如果词频管理器（能够）理解 "top25" 消息（第 85 行），收到消息后，它将排序后的词频列表连同消息 "top25" 一起发送给接收者（第 95 ~ 98 行）。接收者（即应用程序控制器）在收到 "top25" 消息（第 105 行）后，将信息打印在屏幕上（第 115 ~ 117 行），并沿着对象链往下发送 "die" 消息，这使得它们全部停止（第 18、19 行）。到那时，所有线程都完成了，主线程解除阻塞，应用程序结束。

与信箱风格不同的是，参与者风格本质上是异步的，它将阻塞队列充当代理之间的接口。调用对象会将消息放入被调用者的队列中并继续执行，无须等待这些消息的分派。

29.4 系统设计中的此编程风格

这种风格很适合用于大型分布式系统：在没有分布式共享内存的情况下，网络不同节点中的组件通过相互发送消息进行交互。有几种设计基于消息的系统的方法，其中一种被称为点对点消息传递方法，在该方法中，消息有一个众所周知的接收者。Java 消息服务（Java Message Service，JMS）框架是一种流行的框架，它支持这种风格，以及发布－订阅风格。在移动领域，适用于 Android 的 Google Cloud Messaging 是这种风格在全球范围内发挥作用的另一个例子。

但这种风格不仅仅适用于大型分布式系统。由单个多线程进程组成的组件也受益于这种风格的应用——带队列的线程对象——作为一种限制内部并发量的方法。

29.5 历史记录

这种风格的目标是编写并发应用程序和分布式应用程序。总体思想与支持并发的第一个操作系统一样古老，它在 20 世纪 70 年代以多种形式出现。众所周知，（互相之间）传递消息的进程是构建操作系统的一种灵活方式，从一开始，这个模型就与共享内存模型共存。在 20 世纪 80 年代中期，Gul Agha 将模型正式化，为这些带有队列的进程赋予了参与者（actor）的通用名称。

29.6 延伸阅读

Agha, G. (1985). Actors: A model of concurrent computation in distributed systems. Doctoral dissertation, MIT Press.

概要：这是提出用于并发编程的参与者模型的原创作品。

Lauer, H. and Needham, R. (1978). On the duality of operating system structures. *Second International Symposium on Operating Systems*.

概要：早在并发编程成为独立主题之前，研究人员和开发人员就很清楚有关不同执行单元之间通信的设计权衡。本文很好地概述了消息传递模型与共享内存模型。

29.7 词汇表

- **参与者**：具有自己的执行线程的对象或网络上的进程节点。每个参与者都有一个接收消息的队列，彼此之间只通过发送消息进行交互。
- **异步请求**：一种请求者无须等待回复的请求，如果有回复，则在稍后的某个时间点到达。
- **消息**：一种包含发送者传送给已知接收者的信息的数据结构，可能通过网络传输。

29.8 练习

1. 用另一种语言实现示例程序，但风格不变。

2. 以参与者风格编写示例程序的另一个版本，但只有三个活动对象和主线程。

3. 像 Java 这样的语言没有漂流风格（第 28 章）中解释的 yield 语句。在不使用 yield 语句的情况下，采用参与者风格实现该章中的以数据为中心的程序。

4. 使用这种风格编写"导言"中提出的任务之一。

数据空间风格

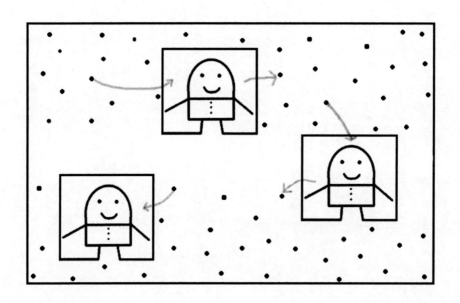

30.1 约束条件

- ❑ 存在并发执行的一个或多个单元。
- ❑ 存在一个或多个数据空间（dataspace），以便并发执行单元存储和访问数据。
- ❑ 并发单元之间没有直接的数据交换，除了通过数据空间进行的交换。

30.2 此编程风格的程序

```python
#!/usr/bin/env python
import re, sys, operator, queue, threading

# Two data spaces
word_space = queue.Queue()
freq_space = queue.Queue()

stopwords = set(open('../stop_words.txt').read().split(','))

# Worker function that consumes words from the word space
# and sends partial results to the frequency space
def process_words():
    word_freqs = {}
    while True:
        try:
            word = word_space.get(timeout=1)
        except queue.Empty:
            break
        if not word in stopwords:
            if word in word_freqs:
                word_freqs[word] += 1
            else:
                word_freqs[word] = 1
    freq_space.put(word_freqs)

# Let's have this thread populate the word space
for word in re.findall('[a-z]{2,}', open(sys.argv[1]).read().lower
    ()):
    word_space.put(word)

# Let's create the workers and launch them at their jobs
workers = []
for i in range(5):
    workers.append(threading.Thread(target = process_words))
[t.start() for t in workers]

# Let's wait for the workers to finish
[t.join() for t in workers]

# Let's merge the partial frequency results by consuming
# frequency data from the frequency space
word_freqs = {}
while not freq_space.empty():
    freqs = freq_space.get()
    for (k, v) in freqs.items():
        if k in word_freqs:
            count = sum(item[k] for item in [freqs, word_freqs])
        else:
            count = freqs[k]
        word_freqs[k] = count

for (w, c) in sorted(word_freqs.items(), key=operator.itemgetter
    (1), reverse=True)[:25]:
    print(w, '-', c)
```

30.3　评注

这种风格适用于并发系统和分布式系统。它是一种特殊的共享内存风格：许多独立执行的信息处理单元使用来自公共基底的数据，并在该基底或其他基底上产生数据。这些基底称为元组或数据空间。数据操作有 3 个原语：（1）out（或 put），将单元内部的一段数据放到数据空间中；（2）in（或 get），从数据空间中取出一段数据放入单元；（3）read（或 sense），从数据空间中读取一段数据放入单元，而不移除它。

我们来看一下示例程序。我们使用两个独立的数据空间，一个用于放置所有单词（word_space，第 5 行），另一个用于放置部分单词 – 词频计数（freq_space，第 6 行）。我们首先让主线程填充单词空间（第 27、28 行）。然后，让主线程生成 5 个工作线程并等待它们完成（第 31 ～ 37 行）。工作线程被赋予要执行的 process_words 函数（第 12 ～ 24 行）。这意味着在程序的这一点，5 个线程并发执行该函数，而主线程等待它们完成。我们来更仔细地看一下 process_words 函数。

process_words 函数（第 12 ～ 24 行）的目标是统计单词出现的次数。因此，它维护了一个将单词与词频相关联的内部字典（第 13 行），且包含一个循环，该循环包括从单词空间中获取单词（第 16 行）并递增非停用词的相应计数（第 19 ～ 23 行）的操作。当函数无法在 1s 内从单词空间中获取单词时，循环停止（请参阅第 16 行中的超时参数），这意味着已没有单词。此时，该函数只需将内部字典放入词频空间（第 24 行）。

请注意，有 5 个工作线程同时执行 process_words 函数。这意味着不同的工作线程会统计不同位置出现的相同单词，因此每个线程只产生部分单词计数。鉴于单词已从数据空间中删除，因此不会对同一位置的同一单词进行多次统计。

一旦工作线程完成自己的工作，主线程就解除阻塞（第 37 行）并完成剩余的计算。从那时起，它的工作就是从词频空间中获取部分单词计数，将它们合并到一个字典中（第 41 ～ 49 行）。最后，将信息打印在屏幕上（第 51、52 行）。

30.4　系统设计中的此编程风格

这种风格特别适合处理数据密集型并行问题，尤其是当任务横向扩展时，即当问题可以在任意数量的处理单元之间进行划分时。通过在网络上实现数据空间（例如数据库），这种风格也可以用于分布式系统。数据空间风格不太适合用于并发单元需要相互寻址的应用程序。

30.5　历史记录

数据空间风格最初是在 20 世纪 80 年代早期的 Linda 编程语言中形成的。该模型作为并行编程系统中共享内存的可行方案被提出。

30.6　延伸阅读

Ahuja, S., Carriero, N. and Gelernter, D. (1986). Linda and friends. *IEEE Computer* 19(8): 26–34.

概要：最初的 Linda 论文，它提出了元组空间的概念，元组空间在此处更名为数据空间。

30.7　词汇表

❑ **元组**：类型化数据对象。

30.8　练习

1. 用另一种语言实现示例程序，但风格不变。
2. 更改示例程序，使有关合并词频的部分（第 41 ～ 49 行）由 5 个线程并发完成。提示：想想字母空间。
3. 使用这种风格编写"导言"中提出的任务之一。

第 31 章

Map Reduce 风格

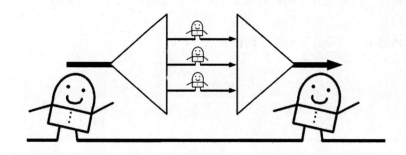

31.1　约束条件

- ❑ 输入数据被分成若干块。
- ❑ map 函数将给定的工作函数应用于每个数据块，这些工作函数可能是并行的。
- ❑ reduce 函数获取众多工作函数的结果，将它们重新组合成连贯的输出。

31.2　此编程风格的程序

```python
1  #!/usr/bin/env python
2  import sys, re, operator, string
3  from functools import reduce
4  #
5  # Functions for map reduce
6  #
7  def partition(data_str, nlines):
8      """
```

```
 9      Partitions the input data_str (a big string)
10      into chunks of nlines.
11      """
12      lines = data_str.split('\n')
13      for i in range(0, len(lines), nlines):
14          yield '\n'.join(lines[i:i+nlines])
15
16  def split_words(data_str):
17      """
18      Takes a string,  returns a list of pairs (word, 1),
19      one for each word in the input, so
20      [(w1, 1), (w2, 1), ..., (wn, 1)]
21      """
22      def _scan(str_data):
23          pattern = re.compile('[\W_]+')
24          return pattern.sub(' ', str_data).lower().split()
25
26      def _remove_stop_words(word_list):
27          with open('../stop_words.txt') as f:
28              stop_words = f.read().split(',')
29          stop_words.extend(list(string.ascii_lowercase))
30          return [w for w in word_list if not w in stop_words]
31
32      # The actual work of splitting the input into words
33      result = []
34      words = _remove_stop_words(_scan(data_str))
35      for w in words:
36          result.append((w, 1))
37      return result
38
39  def count_words(pairs_list_1, pairs_list_2):
40      """
41      Takes two lists of pairs of the form
42      [(w1, 1), ...]
43      and returns a list of pairs [(w1, frequency), ...],
44      where frequency is the sum of all the reported occurrences
45      """
46      mapping = {}
47      for pl in [pairs_list_1, pairs_list_2]:
48          for p in pl:
49              if p[0] in mapping:
50                  mapping[p[0]] += p[1]
51              else:
52                  mapping[p[0]] = p[1]
53      return mapping.items()
54
55  #
56  # Auxiliary functions
57  #
58  def read_file(path_to_file):
59      with open(path_to_file) as f:
60          data = f.read()
61      return data
62
63  def sort(word_freq):
64      return sorted(word_freq, key=operator.itemgetter(1), reverse=
65          True)
66  #
```

```
67  # The main function
68  #
69  splits = map(split_words, partition(read_file(sys.argv[1]), 200))
70  word_freqs = sort(reduce(count_words, splits))
71
72  for (w, c) in word_freqs[0:25]:
73      print(w, '-', c)
```

31.3 评注

在这种风格中，输入数据被分成若干块，每个块都独立于其他块被处理，甚至可能被并行处理，最后再将结果合并。Map Reduce 风格通常被称为 MapReduce，包括两个关键抽象：（1）map 函数将数据块和函数作为输入参数，将该函数独立应用于每个块，从而产生一组结果；（2）reduce 函数将这组结果和函数作为输入参数，将该函数应用于这组结果，以便从这组结果中提取一些全局信息。

词频分析任务的关键是可以以分而治之的方式对单词进行计数：可以先对输入文件的较小部分（例如每一页）进行单词计数，然后将这些结果组合起来。并非所有问题都可以用这种方式解决，但词频问题可以。当该方法可行时，MapReduce 解决方案可以通过同时使用多个处理单元非常高效地处理非常大的输入数据。

我们来看一下示例程序，从底部第 68 ~ 73 行开始。在第 69 行中，main 的代码段首先读取输入文件，将输入文件分成若干包含 200 行的数据块，这些数据块将作为 Python 的 map 函数的第二个参数，该函数同时将工作函数 split_words 作为第一个参数。该 map 的执行结果是一个包含部分单词词频的列表，每个工作函数都有一部分结果，我们把这些结果称为 splits。然后，为 reduce 函数准备 splits（第 69 行）——稍后会详细介绍。准备就绪后，将 splits 作为 Python 的 reduce 函数的第二个参数，该函数同时将工作函数 count_words 作为第一个参数（第 70 行）。该应用程序的结果是一个配对列表，每个配对对应一个单词和单词的词频。现在我们详细了解一下三个主要函数——partition、split_words 和 count_words。

partition 函数（第 7 ~ 14 行）是一个生成器，它将多行字符串和行数作为输入，生成具有请求的行数的字符串。例如，《傲慢与偏见》有 13 426 行，我们将其分成 68 个块，每个块 200 行（参见第 69 行），最后一个块不足 200 行。请注意，该函数产生（yield）块而不是返回（return）块。如前所述，这是一种惰性处理输入数据的方式，但它在功能上等同于返回 68 个块的完整列表。

split_words 函数（第 16 ~ 37 行）接受一个多行字符串——包含 200 行文本的块，如第 69 行中那样——并处理该块。处理过程与我们之前看到的类似。但是，此函数返回数据的格式与其他章节中等效函数的格式截然不同。在生成非停用词的列表（第 22 ~ 34 行）之后，它遍历该列表以构建配对对象的列表，每对对象的第一个元素是单词，第二个元素是数字 1，意思是"这个单词出现一次"。对于《傲慢与偏见》的第一个数据块，结果列表中的前几个条目如下所示：

```
[('project',1),('gutenberg',1),('ebook',1),
 ('pride',1),('prejudice',1), ('jane',1),
 ('austen',1),('ebook',1),...]
```

这似乎是一个相当奇怪的数据结构，但对 MapReduce 应用程序而言却很常见，因为它通常尽量使工作函数执行尽可能少的计算。在本例中，我们甚至没有计算每个块中单词出现的次数，只是将单词块转换为某种数据结构，以支持稍后非常简单的计数过程。

概括地说，第 69 行生成了这些数据的列表，每个块都有一个列表。

count_words 函数（第 39 ～ 53 行）是完成简化工作的工作函数，用作第 70 行中 reduce 的第一个参数。在 Python 中，简化工作函数有两个参数，它们以某种方式合并，最终返回一个值。我们的函数接受上面描述的两个数据结构：（1）先前缩减的结果（如果有的话），否则从空列表开始（第 69 行）；（2）要合并的新拆分结果（splits）。count_words 首先从第一个配对（pair）列表中生成一个字典（第 46 行），然后遍历第二个配对列表，递增字典中相应的单词计数（第 47 ～ 51 行）。最后，它将字典作为键值对列表返回。这个返回值随后被作为下一次缩减的输入，这个过程一直持续到没有更多的拆分结果（splits）。

31.4　系统设计中的此编程风格

MapReduce 天生适合数据密集型应用程序，在这些应用程序中，数据能够被独立地分区和处理，独立分区和处理的部分结果在最后被重新组合。这些应用程序在使用许多计算单元——内核、服务器——时有很多好处，这些计算单元并行执行 map 和 reduce，因此，处理时间比使用单个处理器时减少了几个数量级。第 32 章将详细地研究 MapReduce 的这些变体。

但是，示例程序并没有使用线程或并发机制。该示例程序更符合原始 LISP MapReduce。语言处理器能够实现被映射的函数的多个应用，使其被并行执行，但这不是 Python 所做的⊖。然而，在本书中，这种风格与并发编程风格归为一大类，因为并发编程风格从此风格获益最多。

31.5　历史记录

目前使用的映射（mapping）和归纳（reducing）序列的概念于 20 世纪 70 年代后期被包含在 Common LISP 中。然而，这些概念比 Common LISP 早了至少十年。1960 年，McCarthy 的 LISP 系统中出现了 map 的一个版本，名称为 maplist，此函数将另一个函

⊖　Python 3.x 包含一个名为 con current.futures 的模块，它提供了 map 的并发实现。

数作为参数，然后将其映射到列表参数的每个连续尾部，而不是映射到每个元素。到 20 世纪 60 年代中期，许多 LISP 方言都有 mapcar，它将函数映射到每个元素。reduce 在 20 世纪 70 年代初为 LISP 程序员所熟知。map 和 reduce 都存在于 APL 中，用于内置标量操作。

在几十年后的 21 世纪初期，这种模型的一种变体因为谷歌而变得受欢迎，谷歌将其应用于数据中心层面。随着 Hadoop 等开源 MapReduce 框架的出现，该模型被更广泛地采用。

31.6　延伸阅读

MAC LISP (1967). MIT A.I. Memo No.116A. Available at: http://www.softwarepreservation.org/projects/LISP/MIT/ AIM-116A-White-Interim_User_Guide.pdf

概要：这是 LISP 语言变体 MAC LISP 的手册，列出了该编程系统中可用的函数。map 函数尤其突出。

Steele, G. (1984). *Common LISP the Language*. Chapter 14.2: Concatenating, Mapping and Reducing Sequences. Digital Press. Available at: http://www.cs.cmu.edu/Groups/AI/html/cltl/clm/clm.html

概要：Common LISP 同时具有 map 和 reduce 操作。

31.7　词汇表

- ❑ **map**：该函数将多个数据块和一个函数作为输入参数并将函数独立地应用于每个数据块来产生一组结果。
- ❑ **reduce**：该函数将一组结果和一个函数作为输入参数并将函数应用于这组结果，以便从这组结果中提取一些全局信息。

31.8　练习

1. 用另一种语言实现示例程序，但风格不变。
2. 更改示例程序，以便 split_words（第 16 ~ 37 行）生成部分单词计数的列表。这样的做法与原始示例程序相比有什么优势吗？
3. Python 的 map 和 reduce 函数不是多线程的。编写 concurrent_map 函数，使它接受一个函数和一个块列表，并为每个函数应用启动一个线程。在第 69 行中使用你自己的函数而不是 map。对程序做一些改动是可以的，但尽量减少这种改动。
4. 使用这种风格编写"导言"中提出的任务之一。

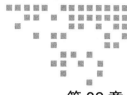
双重 Map Reduce 风格

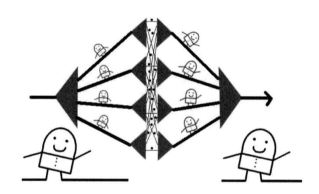

与之前的 Map Reduce 风格非常相似，但有一个额外的约束。

32.1 约束条件

- ❑ 输入数据被分成若干数据块。
- ❑ map 函数将给定的工作函数应用于每个数据块，这些工作函数可能是并行的。
- ❑ 许多工作函数的结果被重新排序。
- ❑ 重新排序的数据块作为第二个 map 函数的输入，该 map 函数同时将一个缩减函数作为输入。
- ❑ 可选步骤：reduce 函数将许多工作函数的执行结果作为参数，将它们重新组合成连贯的输出。

32.2　此编程风格的程序

```python
1  #!/usr/bin/env python
2  import sys, re, operator, string
3  from functools import reduce
4  #
5  # Functions for map reduce
6  #
7  def partition(data_str, nlines):
8      """
9      Partitions the input data_str (a big string)
10     into chunks of nlines.
11     """
12     lines = data_str.split('\n')
13     for i in range(0, len(lines), nlines):
14         yield '\n'.join(lines[i:i+nlines])
15
16  def split_words(data_str):
17     """
18     Takes a string, returns a list of pairs (word, 1),
19     one for each word in the input, so
20     [(w1, 1), (w2, 1), ..., (wn, 1)]
21     """
22     def _scan(str_data):
23         pattern = re.compile('[\W_]+')
24         return pattern.sub(' ', str_data).lower().split()
25
26     def _remove_stop_words(word_list):
27         with open('../stop_words.txt') as f:
28             stop_words = f.read().split(',')
29         stop_words.extend(list(string.ascii_lowercase))
30         return [w for w in word_list if not w in stop_words]
31
32     # The actual work of the mapper
33     result = []
34     words = _remove_stop_words(_scan(data_str))
35     for w in words:
36         result.append((w, 1))
37     return result
38
39  def regroup(pairs_list):
40     """
41     Takes a list of lists of pairs of the form
42     [[(w1, 1), (w2, 1), ..., (wn, 1)],
43      [(w1, 1), (w2, 1), ..., (wn, 1)],
44      ...]
45     and returns a dictionary mapping each unique word to the
46     corresponding list of pairs, so
47     { w1 : [(w1, 1), (w1, 1)...],
48       w2 : [(w2, 1), (w2, 1)...],
49       ...}
50     """
51     mapping = {}
52     for pairs in pairs_list:
53         for p in pairs:
54             if p[0] in mapping:
55                 mapping[p[0]].append(p)
```

```
56            else:
57                mapping[p[0]] = [p]
58        return mapping
59
60    def count_words(mapping):
61        """
62        Takes a mapping of the form (word, [(word, 1), (word, 1)...)])
63        and returns a pair (word, frequency), where frequency is the
64        sum of all the reported occurrences
65        """
66        def add(x, y):
67            return x+y
68
69        return (mapping[0], reduce(add, (pair[1] for pair in mapping
              [1])))
70
71    #
72    # Auxiliary functions
73    #
74    def read_file(path_to_file):
75        with open(path_to_file) as f:
76            data = f.read()
77        return data
78
79    def sort(word_freq):
80        return sorted(word_freq, key=operator.itemgetter(1), reverse=
              True)
81
82    #
83    # The main function
84    #
85    splits = map(split_words, partition(read_file(sys.argv[1]), 200))
86    splits_per_word = regroup(splits)
87    word_freqs = sort(map(count_words, splits_per_word.items()))
88
89    for (w, c) in word_freqs[0:25]:
90        print(w, '-', c)
```

32.3 评注

第 31 章介绍的基本 Map Reduce 风格允许 map 步骤被并行化，但需要将 reduce 步骤序列化。Hadoop 是一种非常流行的 MapReduce 框架，它有一个细微的改变，使得 reduce 步骤也有可能被并行化。其主要思想是对来自 map 步骤的结果列表进行重新分组或重新排列，以便重新分组的列表能够适应 reduce 函数的进一步映射。

我们来看一下示例程序以及它与前一个程序的不同之处。main 函数看起来几乎相同，但在两个关键点上有细微差别：（1）在第 86 行重新分组；（2）第 87 行第二次应用了 map，而之前的程序使用了 reduce。事实上，这里的关键区别是数据的重新分组。我们详细看一下。

regroup 函数（第 39 ～ 58 行）将第一次应用 map 的输出结果作为输入参数。和以前一样，输出是一个配对（pair）列表的列表，如下所示：

```
[ [('project',1),('gutenberg',1),('ebook',1),...],
  [('mr',1),('bennet',1),('among',1),...],
  ...
]
```

regroup 函数的目的是重新组织数据，以便单词计数任务能够并行执行。它基于单词本身来重新组织数据，因此，所有（w_k,1）最终都出现在同一个列表中。作为实现这个目的的一个内部数据结构，它使用字典（第 51 行）将单词映射到配对（pair）列表（第 52 ～ 58 行）。最后，它返回该字典。

重新分组后，就可以对单词进行计数了（第 60 ～ 69 行）。对它们进行计数就像找到传递给 count_words 的第二个参数的大小一样简单。该程序略有不同：它使用 reduce 函数进行计数（第 69 行）。在这个特殊例子中，没有充分的理由这样做，我们本可以用更直接的方式进行。但是，重要的是要理解此风格在这一步的目的是以某种方式缩减数据序列。缩减意味着将数据序列作为输入，以某种方式合并该序列后返回较少的数据。在本例中，"合并"意味着计数。在其他情况下，它可能意味着别的东西。

需要注意的一点是，在重新分组后（第 86 行），计数可以并行进行，因为我们已经重新组织了每个单词的数据。因此，我们可以应用第二个 map 函数来计算单词数量（第 87 行）。通过这种重组机制，我们可以为文件中的每个唯一单词配备一个计数线程／处理器。

这里介绍的风格是著名的 MapReduce 框架（如 Hadoop）使用的风格，因为它们试图尽可能并行处理数据密集型问题。虽然某些数据结构不易并行处理（例如示例程序中第 85 行获得的 splits），但通常可以对该数据进行转换（例如第 86 行进行的重组）以使其可并行化。并行处理复杂的数据密集型问题的过程可能涉及多次重新分组。

32.4　系统设计中的此编程风格

在数据中心层面，并行化是通过将数据块发送到执行简单任务的服务器来完成的。这里解释的重组步骤是通过将数据路由到特定服务器来完成的——例如将以字母 a 开头的单词发送到服务器 s_a，以 b 开头的单词发送到服务器 s_b 等。

32.5　历史记录

这种形式的 MapReduce 在 21 世纪初期由 Google 推广。自那时起，出现了几个数据中心层面的 MapReduce 框架，其中一些是开源的。Hadoop 是其中最受欢迎的。

32.6　延伸阅读

Dean, J. and Ghemawat, S. (2004). MapReduce: Simplified Data Processing on

Large Clusters. *6th Symposium on Operating Systems Design and Implementation (ODSI'04).*

概要：Google 工程师拥抱 MapReduce 并解释了如何在数据中心层面做到这一点。

32.7 练习

1. 用另一种语言实现示例程序，但风格不变。
2. 更改示例程序，使 `count-words`（第 60 ~ 69 行）仅检查其第二个参数的长度。
3. 以每个单词为基础重新组织配对（pair）可能有点太并行了！更改程序，使 `regroup` 函数按字母顺序将单词重组为五组：a-e、f-j、k-o、p-t、u-z。请注意这对计数步骤的影响。
4. 使用这种风格编写"导言"中提出的任务之一。

第九部分 *Part 9*

交　互

在之前看到的所有风格中，除了第28章中的漂流风格之外，程序在开始时就接受输入，处理输入，最后在屏幕上显示信息。许多现代应用程序都具有这种特性，但更多的应用程序具有截然不同的性质：它们连续或定期地接受输入，并相应地更新它们的状态，甚至可能无法使"程序结束"。这些应用程序称为交互式应用程序。程序可能与用户或其他组件交互，并且需要额外考虑如何以及何时更新程序的可观察输出。接下来的两章展示了处理交互问题的两种著名风格。

## 第 33 章

三层架构风格

33.1　约束条件

❑ 应用程序分为模型、视图、控制器三部分：
- 模型代表应用程序的数据；
- 视图表示数据的特定再现；
- 控制器提供输入控件、填充／更新模型并调用正确的视图。

❑ 所有应用程序实体都与这三个部分中的一个相关联。它们的职责不应重叠。

33.2 此编程风格的程序

```python
1  #!/usr/bin/env python
2  import sys, re, operator, collections
3
4  class WordFrequenciesModel:
5      """ Models the data. In this case, we're only interested
6      in words and their frequencies as an end result """
7      freqs = {}
8      stopwords = set(open('../stop_words.txt').read().split(','))
9      def __init__(self, path_to_file):
10         self.update(path_to_file)
11
12     def update(self, path_to_file):
13         try:
14             words = re.findall('[a-z]{2,}', open(path_to_file).
15                 read().lower())
15             self.freqs = collections.Counter(w for w in words if w
16                 not in self.stopwords)
16         except IOError:
17             print("File not found")
18             self.freqs = {}
19
20 class WordFrequenciesView:
21     def __init__(self, model):
22         self._model = model
23
24     def render(self):
25         sorted_freqs = sorted(self._model.freqs.items(), key=
26             operator.itemgetter(1), reverse=True)
26         for (w, c) in sorted_freqs[0:25]:
27             print(w, '-', c)
28
29 class WordFrequencyController:
30     def __init__(self, model, view):
31         self._model, self._view = model, view
32         view.render()
33
34     def run(self):
35         while True:
36             print("Next file: ")
37             sys.stdout.flush()
38             filename = sys.stdin.readline().strip()
39             self._model.update(filename)
40             self._view.render()
41
42
43 m = WordFrequenciesModel(sys.argv[1])
44 v = WordFrequenciesView(m)
45 c = WordFrequencyController(m, v)
46 c.run()
```

33.3 评注

这种风格是与交互式应用程序相关的最著名的风格之一。这种风格被称为模型－视图－

控制器（Model-View-Controller，MVC）风格，体现了一种构建需要持续向用户报告的应用程序的通用方法。思路很简单，前提是不同的函数 / 对象有不同的角色，共有三种角色。应用程序分为三个部分，每个部分包含一个或多个函数 / 对象：一部分用于对数据建模（模型部分），另一部分用于向用户呈现数据（视图部分），第三部分用于接收用户输入并根据该输入更新模型和视图（控制器部分）。

MVC 三位一体（trinity）的主要目的是解耦许多应用程序关注点，尤其是将模型与视图和控制器解耦，模型通常是唯一的，而视图和控制器可能有很多。

示例程序在处理完前一个文件后，通过向用户请求另一个文件来与用户交互。我们的程序没有将算法问题与表示问题和用户输入问题缠绕在一起，而是使用 MVC 形式将这三种类型的问题完全分开：

❏ WordFrequenciesModel 类（第 4 ～ 18 行）是应用程序的知识库。类的主要数据结构是词频字典（第 7 行），类的主要方法 update 在处理完输入文件后填充字典（第 12 ～ 18 行）。

❏ WordFrequenciesView 类（第 20 ～ 27 行）是与模型关联的视图。类的主要方法 render 从模型获取数据并将其打印在屏幕上。我们认为呈现模型排序后的视图（第 25 行）是表示问题，而非模型问题。

❏ WordFrequencyController 类（第 29 ～ 40 行）循环（第 34 ～ 40 行）运行：请求用户输入，相应地更新模型并再次将视图呈现给用户。

示例程序是所谓的被动 MVC 的一个实例，因为控制器是模型和视图更新的驱动器。被动三层架构风格假定对模型的更改都是由控制器带来的。但情况并非总是如此。真实的应用程序通常有多个控制器和视图，它们都在同一个模型上运行，并且通常具有并发操作。

主动 MVC 是被动 MVC 的替代方案，其视图会在模型更改时自动更新⊖。这可以通过多种方式完成，其中一些方式比其他方式更好。最糟糕的做法是在构建时将模型与其视图耦合——例如将视图实例作为参数发送给模型构造函数。主动 MVC 的合理实现包括某些版本的好莱坞风格（第 15 章）或参与者风格（第 29 章）。

下面的示例程序使用参与者风格让用户在处理文件时了解最新的词频计数。

```python
1  #!/usr/bin/env python
2  import sys, operator, string, os, threading, re
3  from util import getch, cls, get_input
4  from time import sleep
5
6  lock = threading.Lock()
7
8  #
9  # The active view
10 #
11 class FreqObserver(threading.Thread):
```

⊖ 这种替代方案的另一个名称是反应式 MVC。

```
12      def __init__(self, freqs):
13          threading.Thread.__init__(self)
14          self.daemon, self._end = True, False
15          # freqs is the part of the model to be observed
16          self._freqs = freqs
17          self._freqs_0 = sorted(self._freqs.items(), key=operator.
                itemgetter(1), reverse=True)[:25]
18          self.start()
19
20      def run(self):
21          while not self._end:
22              self._update_view()
23              sleep(0.1)
24          self._update_view()
25
26      def stop(self):
27          self._end = True
28
29      def _update_view(self):
30          lock.acquire()
31          freqs_1 = sorted(self._freqs.items(), key=operator.
                itemgetter(1), reverse=True)[:25]
32          lock.release()
33          if (freqs_1 != self._freqs_0):
34              self._update_display(freqs_1)
35              self._freqs_0 = freqs_1
36
37      def _update_display(self, tuples):
38          def refresh_screen(data):
39              # clear screen
40              cls()
41              print(data)
42              sys.stdout.flush()
43
44          data_str = ""
45          for (w, c) in tuples:
46              data_str += str(w) + ' - ' + str(c) + '\n'
47          refresh_screen(data_str)
48
49  #
50  # The model
51  #
52  class WordsCounter:
53      freqs = {}
54      def count(self):
55          def non_stop_words():
56              stopwords = set(open('../stop_words.txt').read().split
                  (',')  + list(string.ascii_lowercase))
57              for line in f:
58                  yield [w for w in re.findall('[a-z]{2,}', line.
                      lower()) if w not in stopwords]
59
60          words = next(non_stop_words())
61          lock.acquire()
62          for w in words:
63              self.freqs[w] = 1 if w not in self.freqs else self.
                  freqs[w]+1
64          lock.release()
65
```

```
66  #
67  # The controller
68  #
69  print("Press space bar to fetch words from the file one by one")
70  print("Press ESC to switch to automatic mode")
71  model = WordsCounter()
72  view = FreqObserver(model.freqs)
73  with open(sys.argv[1]) as f:
74      while get_input():
75          try:
76              model.count()
77          except StopIteration:
78              # Let's wait for the view thread to die gracefully
79              view.stop()
80              sleep(1)
81              break
```

这个主动 MVC 程序有几点值得注意。

第一，该程序的设计与第一个示例程序略有不同。例如，控制器现在只是末尾的一段代码（第 69～81 行），而不是一个类。第二个程序除了说明主动 MVC 之外，还指出程序中有许多不同的实现都遵循相同的约束，并且第二个程序没有使用完全相同的 3 个类和方法名称。当谈到编程风格，没有严格的规则，只有约束。重要的是，要能够识别细节之外代码段设计的高阶位。

第二，我们将视图作为活动对象，它有自己的线程（第 11 行）。视图对象将 freqs 字典作为其构造函数的输入（第 16 行）——这是它跟踪的模型的一部分。此活动对象的主循环（第 20～24 行）的主要工作是更新内部数据（第 22 行），向用户显示信息，并休眠 100ms（第 23 行）。更新内部数据结构（第 29～35 行）意味着读取跟踪的词频字典并对其进行排序（第 31 行），然后检查自上次循环以来是否有变化（第 33 行），如果有，则更新并显示。

第三，活动视图与第 29 章中的活动对象并不完全相同。具体来说，它缺少最重要的队列。没有队列的原因是在这个简单的程序中没有其他对象向它发送消息。

第四，鉴于视图每 100ms 主动轮询模型的一部分，控制器和模型都不需要通知视图进行自我更改——任何地方都没有"视图，更新自己"的信号。控制器仍然向模型发出更新信号（第 76 行）。

33.4 系统设计中的此编程风格

许多用于交互式应用程序的框架都使用 MVC，包括 Apple 的 iOS、无数的 Web 框架以及大量的图形用户界面（GUI）库。人们很难不使用 MVC！与许多其他风格一样，这种风格具有通用属性，可以充当许多软件的支柱，每个软件都有自己的风格、目的和专门的角色。MVC 可以应用于多种层面，从应用程序的架构一直具体到各个类的设计不等。

将代码元素分类为模型、视图和控制器部分并不总是直截了当的，通常需要进行许多合理的选择（以及许多不合理的选择）。即使在我们简单的词频示例中，也要进行选择，例如可以将单词排序放在模型部分，而不是放在视图部分。在较复杂的应用程序中，选择范围甚至更广。例如，当我们考虑 Web 应用程序的 MVC 时，可以通过许多规则来划分应用程序的实体。我们可以将浏览器视为哑（dumb）终端，将整个 MVC 实体放在服务器端；也可以使用丰富的 JavaScript 客户端，在客户端对视图和至少部分模型进行编码；还可以在客户端和服务器上同时使用 MVC，并在两者之间建立协调机制；甚至可以采用介于上述方案之间的许多其他方案。无论客户端和服务器之间的分工是什么，从模型、视图和控制器角色的角度来思考总是有用的，这样可以减弱协调用户看到的内容与后端逻辑、数据之间的复杂性。

33.5　历史记录

MVC 于 1979 年在 Smalltalk 和 GUI 出现的背景下，首次被设计出来。

33.6　延伸阅读

Reenskaug, T. (1979). MODELS-VIEWS-CONTROLLERS. *The Original MVC Reports.* Available at
http://heim.ifi.uio.no/ trygver/themes/mvc/mvc-index.html
概要：关于 MVC 的原著。

33.7　词汇表

- ❑ **控制器**：接收用户输入、相应地更改模型并向用户呈现视图的实体集合。
- ❑ **模型**：应用程序的知识库，数据和逻辑的集合。
- ❑ **视图**：模型的可视化表示。

33.8　练习

1. 用另一种语言实现示例程序，但风格不变。
2. 示例程序仅在处理完整个文件后才与用户交互。编写此程序的另一个版本，使其每处理 5000 个非停用词与用户交互一次：显示词频计数的当前值，并给出提示"是否有更多单词？[是 / 否]"。如果用户回答"是"，程序将继续获取另外 5000 个单词，等等；如果他们回答"否"，程序会请求下一个文件。确保以合理的方式分离模型、视图和控制器代码。
3. 使用好莱坞风格将本章中第一个示例程序（或针对上一个问题所做的示例程序）转换为主

动 MVC 版本。

4. 在第二个示例程序中，活动视图缺少队列，因为没有其他对象向它发送消息。

　□ 将第二个示例程序转换为带有队列的参与者风格版本。使视图不会每 100 ms 轮询一次模型，而是让模型在每处理完 100 个单词后在视图的队列中放置一条消息。

　□ 解释这个程序与上一个问题中以好莱坞风格编写的程序之间的异同。

　□ 在什么情况下，你会使用参与者风格？什么情况下使用好莱坞风格？

5. 使用这种风格编写"导言"中提出的任务之一。

Rest 风格

34.1 约束条件

❑ 交互式：主动代理（例如人）和后端服务器之间的端到端交互。

❑ 客户端和服务器之间相互分离。两者之间的通信以请求 – 响应的形式同步。

❑ 无状态通信：从客户端到服务器的每个请求都必须包含服务器为请求提供服务所需的所有信息。服务器不应存储正在进行的交互的上下文，会话状态在客户端。

❑ 统一接口：客户端和服务器通过资源的唯一标识符处理资源。资源通过一个由创建、修改、检索和删除操作组成的受限接口进行操作。资源请求操作的结果是一个超媒体表示，它也驱动应用程序状态。

34.2 此编程风格的程序

```python
#!/usr/bin/env python
import re, string, sys
```

```
 3
 4 with open("../stop_words.txt") as f:
 5     stops = set(f.read().split(",")+list(string.ascii_lowercase))
 6 # The "database"
 7 data = {}
 8
 9 # Internal functions of the "server"-side application
10 def error_state():
11     return "Something wrong", ["get", "default", None]
12
13 # The "server"-side application handlers
14 def default_get_handler(args):
15     rep = "What would you like to do?"
16     rep += "\n1 - Quit" + "\n2 - Upload file"
17     links = {"1" : ["post", "execution", None], "2" : ["get",
             "file_form", None]}
18     return rep, links
19
20 def quit_handler(args):
21     sys.exit("Goodbye cruel world...")
22
23 def upload_get_handler(args):
24     return "Name of file to upload?", ["post", "file"]
25
26 def upload_post_handler(args):
27     def create_data(fn):
28         if fn in data:
29             return
30         word_freqs = {}
31         with open(fn) as f:
32             for w in [x.lower() for x in re.split("[^a-zA-Z]+", f.
                 read()) if len(x) > 0 and x.lower() not in stops]:
33                 word_freqs[w] = word_freqs.get(w, 0) + 1
34         wf = list(word_freqs.items())
35         data[fn] = sorted(wf,key=lambda x: x[1],reverse=True)
36
37     if args == None:
38         return error_state()
39     filename = args[0]
40     try:
41         create_data(filename)
42     except:
43         print("Unexpected error: %s" % sys.exc_info()[0])
44         return error_state()
45     return word_get_handler([filename, 0])
46
47 def word_get_handler(args):
48     def get_word(filename, word_index):
49         if word_index < len(data[filename]):
50             return data[filename][word_index]
51         else:
52             return ("no more words", 0)
53
54     filename = args[0]; word_index = args[1]
55     word_info = get_word(filename, word_index)
56     rep = '\n#{0}: {1} - {2}'.format(word_index+1, word_info[0],
             word_info[1])
57     rep += "\n\nWhat would you like to do next?"
58     rep += "\n1 - Quit" + "\n2 - Upload file"
```

```
59      rep += "\n3 - See next most-frequently occurring word"
60      links = {"1" : ["post", "execution", None],
61              "2" : ["get", "file_form", None],
62              "3" : ["get", "word", [filename, word_index+1]]}
63      return rep, links
64
65  # Handler registration
66  handlers = {"post_execution" : quit_handler,
67              "get_default" : default_get_handler,
68              "get_file_form" : upload_get_handler,
69              "post_file" : upload_post_handler,
70              "get_word" : word_get_handler }
71
72  # The "server" core
73  def handle_request(verb, uri, args):
74      def handler_key(verb, uri):
75          return verb + "_" + uri
76
77      if handler_key(verb, uri) in handlers:
78          return handlers[handler_key(verb, uri)](args)
79      else:
80          return handlers[handler_key("get", "default")](args)
81
82  # A very simple client "browser"
83  def render_and_get_input(state_representation, links):
84      print(state_representation)
85      sys.stdout.flush()
86      if type(links) is dict: # many possible next states
87          input = sys.stdin.readline().strip()
88          if input in links:
89              return links[input]
90          else:
91              return ["get", "default", None]
92      elif type(links) is list: # only one possible next state
93          if links[0] == "post": # get "form" data
94              input = sys.stdin.readline().strip()
95              links.append([input]) # add the data at the end
96              return links
97          else: # get action, don't get user input
98              return links
99      else:
100          return ["get", "default", None]
101
102 request = ["get", "default", None]
103 while True:
104     # "server"-side computation
105     state_representation, links = handle_request(*request)
106     # "client"-side computation
107     request = render_and_get_input(state_representation, links)
```

34.3 评注

REST（REpresentational State Transfer）是一种用于解释 Web 的基于网络的交互式应用程序的架构风格。它的约束形成了一组有趣的决策，这些决策的主要目标是实现良好的可扩展性、去中心化、互操作性和独立组件开发，而不是性能。

在学习 REST 时，人们总是会想到 Web。遗憾的是，这种方式有一些问题，会阻碍而非促进学习。首先，它很容易模糊架构风格（即模型和一组约束）和具体 Web 之间的界限。其次，使用 HTTP 和 Web 框架的 REST 示例需要一些先前的 Web 知识——这是 catch-22问题。

REST 是一种风格——一组用于编写网络应用程序的约束。这种风格本身很有趣，与它抓住了 Web 本质的事实无关。本章通过贯穿本书的词频示例重点介绍 REST 风格规定的一组约束。本章有意不涵盖与网络相关的风格部分，但涵盖了 REST 的主要约束。

我们的示例程序通过向用户展示选项并对相应的资源采取行动来与用户进行交互。以下是一段互动的摘录：

```
$ python tf-33.py
    What would you like to do?
    1 - Quit
    2 - Upload file
U> 2
    Name of file to upload?
U> ../pride-and-prejudice.txt

    #1: mr - 786

    What would you like to do next?
    1 - Quit
    2 - Upload file
    3 - See next most-frequently occurring word
U> 3

    #2: elizabeth - 635

    What would you like to do next?
    1 - Quit
    2 - Upload file
    3 - See next most-frequently occurring word
```

以 U> 开头的行表示用户输入。单词及词频按需根据词频降序逐一呈现。不难想象这种交互在浏览器的 HTML 中会是什么样子。

我们来看一下这个程序，从最后面开始。第 102 ~ 107 行是主要指令。该程序首先创建一个请求（第 102 行）。我们程序中的请求是包含三个元素的列表，这三个元素分别为方法名称、资源标识符和从客户端（调用者）到服务器（提供者）的某些操作的附加数据。第102 行中创建的请求调用默认资源上的 GET 方法，并且不提供额外的数据，因为 GET 操作获取服务器上的数据而不是发布数据。接着，程序进入提供者端代码和客户端代码之间的无限乒乓状态。

在第 105 行中，要求提供者处理请求[⊖]。提供者发回一对数据，我们可以将之称为超媒体：

❑ 第一个元素是应用程序的状态表示——用 MVC 术语来说是视图的某种表示。

　⊖　在 Python 中，*a 将列表解包为位置参数。

❑ 第二个元素是一组链接。这些链接组成了应用程序可能的下一个状态集合：应用程序唯一可能的下一个状态是通过这些链接呈现给用户的状态，由用户驱动应用程序进入下一个状态。

在真实的 Web 上，该数据对是以 HTML 或 XML 形式呈现的一个数据单元。在我们的简单示例程序中，我们希望避免复杂的解析函数，因此简单地将超媒体拆分为一些独立的部分。这类似于拥有另一种形式的 HTML，它呈现页面的所有信息且没有任何嵌入式链接，只在页面底部显示所有可能的链接。

在第 107 行中，客户端从服务器端获得超媒体响应，接着将其呈现在用户的屏幕上并返回另一个请求，该请求包含来自用户的输入操作。

看完主交互循环后，现在我们来看提供者端的代码。第 73 ～ 80 行是请求处理函数。该函数检查对于特定请求，是否已注册相应的处理程序，如果有，则调用它，否则，调用 get_default 处理程序。

应用程序的所有处理程序都注册在上面的字典中（第 66 ～ 70 行）。它们用键对操作（GET 或 POST）和要操作的资源进行编码。由于风格的约束，REST 应用程序通过非常严格的 API 对资源进行操作，这些 API 包括检索 (GET)、创建 (POST)、更新 (PUT) 和删除 (DELETE) 操作。在本例中，我们只使用了 GET 和 POST。同样，我们的资源包括：

❑ default：当没有指定资源时。

❑ execution：程序本身，可以根据用户的请求停止。

❑ file form：上传文件时，需要填写的数据。

❑ file：文件。

❑ words：单词。

我们来看一下每个请求处理程序：

❑ default_get_handler（第 14 ～ 18 行）：该处理函数只构造默认视图和默认链接，并将它们返回（第 18 行）。默认视图包含两个菜单选项——退出选项和上传文件选项（第 15、16 行）。默认链接是一个映射出应用程序可能的下一个状态的字典。字典中有两项（第 17 行）：如果用户选择 "1"（退出），则下一个请求将是没有（输入）数据的 execution 资源的 POST 操作；如果选择 "2"（上传文件），则下一个请求将是没有（输入）数据的 file form 的 GET 操作。这已经阐明了什么是超媒体，以及它如何编码可能的下一个状态：服务器将向应用程序发送下一步可以去哪里的编码。

❑ quit_handler（第 20、21 行）：该处理函数停止程序（第 21 行）。

❑ upload_get_handler（第 23、24 行）：此处理函数返回一个 "表单"，它包含一个文本问题，以及下一个可能的状态，即对 file 资源的 POST 操作。请注意，在本例中，链接只有两部分而不是三部分。此时，服务器并不知道用户的回答是什么，因为这是一个 "表单"，所以由客户端将用户数据添加到请求中。

❑ upload_post_handler（第 26 ～ 45 行）：该处理函数首先检查是否确实存在给定

的参数（第 37 行），如果不存在，则返回错误消息（第 38 行）。当有参数时，假定它是一个文件名（第 39 行），处理函数尝试从给定文件创建数据（第 41～44 行）。创建数据的函数（第 27～36 行）类似于我们之前看到的用于解析输入文件的所有函数。最后，将单词存储在“数据库”中，在本例中它只是内存中的字典，将文件名映射到单词（第 7 行）。处理函数以给定文件名和单词号码 0 作为参数调用 word_get_handler，从而结束全部操作（第 45 行）。这意味着在成功加载用户指定的文件后，上传函数为用户返回与获取单词相关的“页面”，请求刚刚上传的文件的（词频最高的）单词

- ❑ word_get_handler（第 47～63 行）：该处理函数获取文件名和单词索引（第 54 行）[⊖]，它从数据库中根据给定文件和给定索引获取单词（第 55 行），构造出视图——列出菜单选项（第 56～59 行），即退出、上传文件和获取下一个单词的选项。与菜单选项相关联的链接（第 60～62 行）是：退出选项对应 execution 资源的 POST 操作，上传文件选项对应 file form 资源的 GET 操作，获取下一个单词的选项对应 words 资源的 GET 操作。最后一个链接很重要，接下来会解释它。

　　简而言之，请求处理函数从客户端获取最终输入数据，处理请求，构建视图和链接集合，然后将这些发送回客户端。

　　第 62 行中下一个单词的链接说明了 REST 风格的一个主要约束。考虑上面的情况，其中交互要求显示一个单词，例如文件中第 10 个最常出现的单词，并且要求能够显示下一个单词（即第 11 个最常出现的单词）。谁维护计数器，提供者还是客户端？在 REST 风格中，提供者应该不知道与客户端交互的状态，会话状态将被传递给客户端。我们通过在链接中编码下一个单词的索引来做到这一点，例如 ["get","word",[filename,word_index+1]]。一旦这样做了，提供者就无须维护过去与客户端交互的状态，下一次，客户端只需返回正确的索引即可。

　　该程序的最后一部分是客户端代码，这是一个简单的文本“浏览器”，定义在第 83～100 行。这个浏览器做的第一件事是在屏幕上呈现视图（第 84、85 行）。接下来，它解释链接数据结构。我们已经看到了两种链接结构：当下一个状态有许多种可能时，为字典；当下一个状态只有一种时，为列表（见第 24 行）。

- ❑ 当有许多种可能的状态时，浏览器请求用户输入（第 87 行），检查用户的输入是否对应于其中一个链接（第 88 行），如果是，则返回包含在该链接中的请求（第 89 行）；如果对应的链接不存在，则返回默认请求（第 91 行）。

- ❑ 当下一个状态只有一种时，客户端代码会检查链接是否为 POST（第 93 行），这意味着数据是一个表单。在本例中，客户端代码请求用户输入（即让用户填写表单，第 94 行），然后将表单数据添加到下一个请求（第 95 行）并返回该链接中的请求。这

⊖ 在 Web 上，这看起来像 http://tf.com/word?file=...&index=...。

相当于 HTTP POST，它将用户输入的数据（也称为消息正文）添加到请求中请求标头（request header）结构的后面。

34.4　系统设计中的此编程风格

上面解释的约束体现了 Web 应用程序"精髓"的重要部分。虽然并非所有 Web 应用程序都遵循它，但大多数都遵循。

模型与现实之间的争论点之一是如何处理应用程序状态。REST 要求在每次请求时将状态传输到客户端，并使用描述服务器端操作和没有任何隐藏信息的 URL。在许多情况下，事实证明这是不切实际的——有太多信息需要被来回发送。此外，许多应用程序会在 cookie 中隐藏会话标识符，这是一个不属于资源标识符的标头结构（header）。cookie 能够识别用户。然后，服务器可以存储与用户交互的状态（例如存储在数据库中），并根据用户的每个请求在服务器端获取 / 更新该状态。这使得服务器端应用程序更加复杂、响应速度较慢，因为它需要存储、管理与每个用户交互的状态。

同步、无连接、请求 / 响应约束是另一个有趣的约束，它与许多分布式系统中的实践背道而驰。在 REST 风格中，服务器不联系客户端，只响应客户端的请求。这种约束决定了适合这种风格的应用程序种类。例如，实时多用户应用程序不适合采用 REST 风格，因为它们需要服务器将数据推送到客户端。人们一直在使用 Web 来构建这种类型的应用程序，使用定期的客户端轮询和长轮询。虽然可以做到，但这些应用程序显然不太适合这种风格。

客户端和服务器之间接口的简单性——资源标识符和对它们的少数操作——一直是 Web 的主要优势之一。这种简单性使组件的独立开发、良好可扩展性和互操作性成为可能，这在具有复杂接口的系统中是不可能的。

34.5　历史记录

Web 最初是物理学家之间共享文档的开放信息管理系统。它的一个主要目标是使其可扩展和去中心化。第一批 Web 服务器于 1991 年上线，一些浏览器也在早期被开发了出来。从那时起，Web 呈指数级增长，成为 Internet 上最重要的软件基础设施。Web 的发展是一个由个人和公司共同驱动的有组织的过程，其间有许多成功案例和失败案例。由于涉及如此多的商业利益，保持平台开放并忠实于其最初目标有时是一项挑战。多年来，一些公司尝试添加某些功能和优化机制，虽然在某些方面是好的，但这也会违反 Web 的原则。

到 20 世纪 90 年代后期，尽管 Web 没有总体规划，但它已然有组织地发展壮大了，它具有非常特殊的架构特征，这使得它与之前的其他大型网络系统截然不同。许多人认为将这些特征标准化很重要。2000 年，Roy Fielding 的博士论文描述了构成 Web 基础的架构风格，他称之为 REST 风格。REST 是一组用于编写应用程序的约束，在某种程度上解释了 Web。

Web 在某些方面与 REST 有所不同，但在大多数情况下，该模型相对于现实的描述是相当准确的。

34.6 延伸阅读

Fielding, R. (2000). Architectural Styles and the Design of Network-based Software Architectures. Doctoral dissertation, University of California, Irvine.

概要：Fielding 的博士论文，解释了网络应用程序的 REST 风格、它的替代方案以及它施加的约束。

34.7 词汇表

- **资源**：可以被识别的事物。
- **通用资源标识符**（Universal Resource Identifier，URI）：唯一的、普遍接受的资源标识符。
- **通用资源定位符**（Universal Resource Locator，URL）：将资源位置编码为其标识符一部分的 URI。

34.8 练习

1. 用另一种语言实现示例程序，但风格不变。
2. 示例程序始终沿同一方向遍历单词列表，即按词频降序遍历单词。添加一个用户交互选项，允许用户查看前一个单词。
3. 使用这种风格编写"导言"中提出的任务之一。

第十部分 *Part 10*

神经网络

伴随着有监督机器学习的兴起，神经网络在过去几年中快速普及。其中一个主要因素就是 2017 年 TensorFlow 的开源发布，以及针对它的简化 API，例如 Keras。但其实神经网络的概念与计算机一样历经久远。然而，它们并不是计算机发展领域的主要分支的核心，有一段时间，甚至已经被逐步遗忘了。有趣的是，它们体现了对计算问题甚至计算机的截然不同的思考方式。接下来的几章将展示神经网络带来的几个新的概念工具，这些工具包括通过学习和不通过学习的工具。

这里的示例将使用 Keras 并将 TensorFlow 作为后端。尽管 Keras 大大提升了神经网络编程的抽象能力，但编写这些程序感觉就像是用汇编语言为一台非常奇怪的计算机编写代码。这台奇怪的计算机是模拟的而非数字的，而且不遵循冯·诺依曼架构。出于这个原因以及概念确实不同的原因，这部分的示例程序只单独涵盖词频问题的某些部分，而不是整个问题。这样解释起来更容易，因为在一个神经网络程序中解决完整的词频问题需要涵盖大量新概念。

到下面几个章节结束时，我们将会清楚地看到，截至目前，我们所看到的一切都在隐性但基本的约束下：用数字计算及符号诊断法解决问题。到目前为止，我们看到的不同风格是操纵离散符号（字符、单词、计数）的不同思考方式。一旦我们理解了神经网络编程，就会为古老且被遗忘的模拟计算打开一扇崭新的大门——新的世界不是由 0 和 1、离散函数及布尔逻辑组成，而是由真实数字、连续函数及演算组成的。这个世界中的概念仍然与它们的数学起源密切相关，所以它们感觉起来很低级、很奇怪。这种不适是不可避免的，也是必要的。

这部分的所有程序都遵循以下约束条件：

☐ 只有数字。所有其他类型的数据都必须被转换成数字或从数字转换而来。

☐ 程序是一个纯函数或一系列纯函数，它们将数字作为输入参数，并且输出也为数字。它们没有副作用。

☐ 函数是神经网络，即输入和某些权重之间的线性组合，可能会因偏置而移动，也可能会被阈值化。

☐ 如果要从训练数据中自动学习，神经函数必须是可微的。

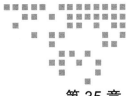

第 35 章 *Chapter 33*

密集、浅层、可控风格

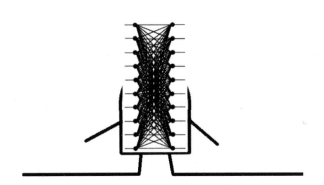

35.1 约束条件

❑ 神经函数由一个将所有输入连接到所有输出的单层组成。

❑ 神经函数由人类程序员通过显式设置权重值进行硬编码。

35.2 此编程风格的程序

```
1  from keras.models import Sequential
2  from keras.layers import Dense
3  import numpy as np
4  import sys, os, string
5
6  characters = string.printable
7  char_indices = dict((c, i) for i, c in enumerate(characters))
```

```
 8  indices_char = dict((i, c) for i, c in enumerate(characters))
 9
10  INPUT_VOCAB_SIZE = len(characters)
11
12  def encode_one_hot(line):
13      x = np.zeros((len(line), INPUT_VOCAB_SIZE))
14      for i, c in enumerate(line):
15          if c in characters:
16              index = char_indices[c]
17          else:
18              index = char_indices[' ']
19          x[i][index] = 1
20      return x
21
22  def decode_one_hot(x):
23      s = []
24      for onehot in x:
25          one_index = np.argmax(onehot)
26          s.append(indices_char[one_index])
27      return ''.join(s)
28
29  def normalization_layer_set_weights(n_layer):
30      wb = []
31      w = np.zeros((INPUT_VOCAB_SIZE, INPUT_VOCAB_SIZE), dtype=np.
            float32)
32      b = np.zeros((INPUT_VOCAB_SIZE), dtype=np.float32)
33      # Let lower case letters go through
34      for c in string.ascii_lowercase:
35          i = char_indices[c]
36          w[i, i] = 1
37      # Map capitals to lower case
38      for c in string.ascii_uppercase:
39          i = char_indices[c]
40          il = char_indices[c.lower()]
41          w[i, il] = 1
42      # Map all non-letters to space
43      sp_idx = char_indices[' ']
44      for c in [c for c in list(string.printable) if c not in list(
            string.ascii_letters)]:
45          i = char_indices[c]
46          w[i, sp_idx] = 1
47
48      wb.append(w)
49      wb.append(b)
50      n_layer.set_weights(wb)
51      return n_layer
52
53  def build_model():
54      # Normalize characters using a dense layer
55      model = Sequential()
56      dense_layer = Dense(INPUT_VOCAB_SIZE,
57                          input_shape=(INPUT_VOCAB_SIZE,),
58                          activation='softmax')
59      model.add(dense_layer)
60      return model
61
62  model = build_model()
63  model.summary()
64  normalization_layer_set_weights(model.layers[0])
```

```
65
66  with open(sys.argv[1]) as f:
67      for line in f:
68          if line.isspace(): continue
69          batch = encode_one_hot(line)
70          preds = model.predict(batch)
71          normal = decode_one_hot(preds)
72          print(normal)
```

35.3 评注

神经网络（Neural Network，NN）与有监督机器学习（尤其是深度学习）密切相关。但这些概念是正交的，并且是在不同的时间独立出现的。从历史上看，第一个关于神经网络的学习算法是在神经网络形成十多年后出现的。本书中，我们会将神经网络的概念与从输入输出样本中学习的概念区分开。

第一个示例从不学习的神经网络开始。它被硬编码为完全按照我们希望的方式运行。第一个示例并不能说明当今人们用神经网络编写的程序类型，但它是最简单的，可以用来解释神经网络中一些基本概念，并且可以为有监督学习的概念作铺垫。

这里的功能非常简单：给定一个字符序列（例如一行字符），输出这些字符的规范化版本，其中大写字母被转换为小写字母，非字母数字字符被转换为空格。这是一个简单的过滤器，用于对字符执行某些转换。这也是词频问题的第一部分。

神经网络的核心是神经元。在其数学模型中，神经元是一个函数：该函数接受 N 个输入，以加权的方式将这些输入相加并在结果值满足特定条件时激活响应。响应可能是加权输入的简单线性组合，但也可能是非线性的。神经元的模型示意图如图 35.1 所示。

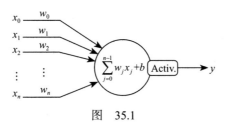

图 35.1

神经网络由许多以某种方式连接的神经元组成。在深度学习中，神经元按不同的层来组织，同一层中的神经元尽管权重不同，但对相同的输入执行相同的函数。

在解释示例程序之前，重要的是要注意，神经网络编程从第 3 章中介绍的数组风格中借用了许多概念并且目前已经包含在流行的框架中。如果读者跳过了那一章，现在是时候重新阅读一遍了。神经网络编程与数组编程相关的原因很简单：深度学习在很大程度上依赖于与神经元相关的线性代数，尤其是可微函数，反过来讲，线性代数在很大程度上依赖于固定大小的数据——多维数组。TensorFlow 中的"tensor"就是指张量，即固定大小的多维数组，它表示数据和作用于数据的函数（例如神经元的层）。

编写神经网络程序和思考该领域的问题时，相当一部分工作都落在数据与向量化形式之间的转换上。数据编码（即数据的向量化表示）是神经网络和深度学习的核心：对于网络来说，某些编码使问题变得容易，而另一些则使问题变得困难。

我们先看一下示例程序，从第 66 ~ 72 行的主循环开始。该循环遍历了给定文本文件的所有行。对于每一行，它首先以一种特殊的方式（独热编码，接下来解释）对其进行编码（第 69 行）。然后，在第 70 行，通过模型的 predict 函数让网络工作。最后，解码结果（第 71 行）并打印出来（第 72 行）。网络模型的 predict 函数类似于调用网络实现的函数，参数的数量与输入的数量一样多。在本例中，我们向它发送一行输入，并接收一行输出。

神经网络实现线性代数函数，因此只能处理标量数据。字符和字符串等分类数据在作为网络的输入之前必须转换为标量向量。在本例中，我们需要将文本文件中的字符转换为数字向量。神经网络中分类数据的一种流行的表示方式是独热编码。这种编码非常简单：给定 N 个不同的事物，使用大小为 N 的向量，每个事物都由包含 $N-1$ 个 0 的 N 维向量表示，它只有一个 1，1 的位置决定了向量编码的内容。

我们来看第 12 ~ 20 行中的独热编码函数。此函数将一行字符（字符串）作为输入，返回一个二维独热编码数组，该行（字符串）中的每个字符一个。第一个维度的大小等于该行（字符串）的大小，因此每个字符都有一个条目。第二个维度的大小为 INPUT_VOCAB_SIZE，在本例中为 100（在 Python 中，有 100 个可打印字符）。每个字符都由一个大小为 INPUT_VOCAB_SIZE（100）的 numpy 数组表示。该数组的所有元素都为零，对应于可打印字符集中字符序号的位置的元素除外。因此，字符“0”的编码是 [1, 0, 0, ..., 0]，“1”的编码是 [0, 1, 0, ..., 0]。为了简化，该函数将所有不可打印的字符都映射到空格字符（第 17、18 行）。

第 22 ~ 27 行的解码函数执行反向操作：它接受与一行字符对应的独热编码数据的二维数组，返回其字符串表示形式。为了识别字符，解码器调用 numpy 的 argmax 函数（第 25 行）。argmax 返回给定数组中最大值的索引，因此，会返回独热编码向量中 1 的索引。

说到这里，读者可能会问：为什么不使用 ASCII 或 UTF-8 字符表示法，它们比 100 位要短得多？我们也可以这样做。问题是，与将独热编码转换为其他独热编码的逻辑相比，网络逻辑的编程要复杂得多得多。我们来继续讨论示例程序的核心，即神经网络，也称为模型。

第 62 行构建了网络模型，第 63 行将之打印出来。第 53 ~ 60 行定义了模型构建函数。该模型有一系列层（第 55 行），在本例中只有一层。该层由一个密集网络（第 56 ~ 58 行）组成，该网络将独热编码字符作为输入，同时输出一个独热编码字符。密集层是一种将每个输入神经元连接到每个输出神经元的层。图 35.2 展示了一个密集层，它有 10 个输入神经元和 10 个输出神经元，总共有 100 个连接关系。

输入

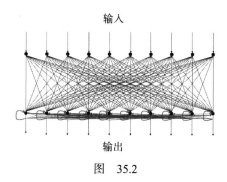

输出

图 35.2

在示例程序中,密集层将 100 个输入神经元连接到 100 个输出神经元,总共有 10 000 个连接关系。只有一层的神经网络被称为浅层神经网络。

现在,我们来看示例程序的核心:如何使用密集层的权重来表达我们想要的字标规范化。通常,在神经网络程序中,这部分是从输入输出样本中学习的——我们将在下一章介绍。尽管与冯·诺依曼计算机完全不同,但神经网络本质上依然是计算机。它们不对二进制数据执行逻辑运算,而对连续信号执行算术运算。神经网络更适合模拟计算机。但与所有计算机(包括模拟计算机)一样,神经网络是可以明确编程的,只要我们理解函数应该是什么,以及如何将其表示为神经连接中的权重。在本例中,函数——表示为密集层的某些权重值——相对简单,我们接下来对其进行解释。

密集层的"程序"在示例程序的第 29 ～ 51 行中被定义,并在第 64 行中被设置。我们通过设置两个参数对密集层进行"编程":权重(第 31 行)和偏置(第 32 行),两个参数都被初始化为零。这些参数直接对应神经元模型示意图中描述的 w_i 和 b。整个层的偏置 b 为零。权重 w 是逻辑所在。首先,理解权重的形状很重要:它们是一个二维矩阵,将大小为 INPUT_VOCAB_SIZE 的输入字符映射到相同大小的输出字符。我们需要设置这 10 000 个权重,以便它们执行所需的转换。最初,它们都是零。

我们首先来看适用于小写字母的恒等函数(第 34 ～ 36 行):对所有对应于小写字母的独热编码数据,应该有一个非零的权重,该权重应用于从输入的非零值到输出中对应位置的连接。例如,字母"a"和"b"对应于向量 [0,0,0,0,0,0,0,0,0,1,0,...,0] 和 [0,0,0,0,0,0,0,0,0,0,1,...,0],因此第 35、36 行建立了这样的逻辑:从第 10 个和第 11 个输入神经元到第 10 个和第 11 个输出神经元的权重分别设置为 1。这样,每次输入为"a"或"b"时,输出也分别为"a"或"b"——所有小写字母都会依次发生同样的情况。

下一个代码块(第 38 ～ 41 行)实现了大写字母到小写字母的转换。在这种情况下,不为零的权重是从数值为 1 的输入神经元到相应编码为小写字母的输出神经元的连接。例如,字母"A"对应于向量 [0,0,...,0,1,0,...,0]。因此,第 36 个输入神经元和第 10 个输出神经元(代表字母"a")之间的连接应该有一个非零权重。第 39 ～ 41 行建立了上述逻辑。这样，每次输入为"A"时，输出为"a"——所有其他大写字母都会发生同样的情况。

最后，第 43 ～ 46 行将所有非字母字符映射到空格字符，即在每个这类字符的编码数值为 1 的神经元与编码空格字符的输出神经元之间设置非零权重。

在密集层的 10 000 个权重中，只有 100 个是 1，其余均为 0。我们的密集层实际上非常稀疏：我们可以摆脱 9900 个零值权重连接并从网络中获得相同的行为。这需要对密集网络进行两项观察：

❑ 重新评估是否独热编码：如果使用另一种具有较小向量的编码方案，例如 ASCII（8位），则需要设置的总权重数会更少（对于 ASCII，有 64 个权重要设置）。但是，输入和输出神经元之间的逻辑表达将会复杂得多——但实现起来仍然是可行的，我们留作练习吧。

❑ 对于每个输出神经元，神经网络中的"编程"被表示为输入值的（不同）组合。密集层需要"编程"的表面积非常广。在我们的例子中，有 10 000 个实数值可供使用，这使得我们能够获得输入值之间可能相互依赖的非常大的空间。密集层就好比神经网络中的"瑞士军刀"——它们可以变成任何东西，包括通过将某些权重设置为零使连接更少的受限网络。在分析从样本中学习的网络时，我们将回顾这一点。

最后，密集层的权重在第 60 行中被设置。

35.4　历史记录

神经网络的概念最早出现在 20 世纪 40 年代的理论神经生理学领域。神经生理学研究大脑。在实验室实验和经验数据的启发下，理论家试图通过建立既能解释经验结果又能预测尚未观察到的行为的数学模型来获取其领域的经验知识。McCulloch 和 Pitts 在 1943 年的开创性论文"A Logical Calculus of the Ideas Immanentin Nervous Activity"中，首次描述了将神经元作为由特定条件激活的输入组合器的数学模型。该论文将神经网络称为"神经"（nervous）网络，但没有包含任何学习概念。取而代之的是，提出了几种神经网络，它们试图捕获诸如 AND、OR、NOT 等逻辑运算。又过了十年，神经网络才引入了学习概念。

这种现在被称为连接主义计算模型的模型与当时影响数字计算机发展的数字 / 符号模型截然不同。对于编程实现来说，如果没有从样本中学习的潜力，神经网络实际上是比数字电路更复杂的机器。在这种情况下，自然趋势就是遵从 McCulloch 和 Pitts 所提出的基于神经元构建逻辑块。这样做使得神经网络与数字计算机没有区别，并且它们的价值有限。

35.5　延伸阅读

McCulloch, W. and Pitts, W. (1943). A logical calculus of the ideas immanent in nervous activity. In *Bulletin of Mathematical Biophysics*, Vol. 5, pp. 115–133.

概要：第一篇关于神经元数学模型和"神经"网络概念的论文。

35.6 词汇表

- **密集网络**：由大量的神经元互相连接成的神经网络。在 Keras 中，密集层是一组输入神经元和一组输出神经元之间的全部连接的集合。
- **编码**：既是名词又是动词，意味着形成向量化形式的数据。
- **层**：一组输入神经元和一组输出神经元之间的连接集。
- **模型**：已经被"程序实现的"的网络架构，即所有权重都就绪了。它是神经网络世界中最接近程序的概念。
- **神经元**：输入组合器，由一组连续函数在特定条件下激活。
- **独热编码**：神经网络中流行的分类数据编码方式。每个类别都通过若干 0 和一个 1 编码。
- **预测**：模型预测 ≈ 程序执行 ≈ 函数求值。
- **浅层神经网络**：仅仅由一组输入神经元、一组输出神经元以及它们之间的连接构成的神经网络。没有其他层。
- **张量**：多维固定大小的数据，用于表示输入 / 输出数据以及函数（权重）。

35.7 练习

1. 通过使用不同权重产生相同字符转换的方式证明，在函数 `normalization_layer_set_weights` 中定义的神经网络"程序"不是唯一可能的解决方案。
2. 使用 ASCII 编码，而不是独热编码实现示例程序。
3. 实现一个将字符转换为 LEET 中对等元素的神经网络。使用你想用的任何编码方式和 LEET 代码。

Chapter 36 第 36 章

密集、浅层、失控风格

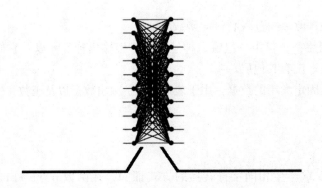

36.1　约束条件

☐ 神经函数仅由单层构成，该层将所有的输入连接到所有的输出。
☐ 神经函数是通过对训练数据的推断来学习的。

36.2　此编程风格的程序

```
1 from keras.models import Sequential
2 from keras.layers import Dense
3 import numpy as np
4 import sys, os, string, random
5
6 characters = string.printable
7 char_indices = dict((c, i) for i, c in enumerate(characters))
```

```
 8  indices_char = dict((i, c) for i, c in enumerate(characters))
 9
10  INPUT_VOCAB_SIZE = len(characters)
11  BATCH_SIZE = 200
12
13  def encode_one_hot(line):
14      x = np.zeros((len(line), INPUT_VOCAB_SIZE))
15      for i, c in enumerate(line):
16          if c in characters:
17              index = char_indices[c]
18          else:
19              index = char_indices[' ']
20          x[i][index] = 1
21      return x
22
23  def decode_one_hot(x):
24      s = []
25      for onehot in x:
26          one_index = np.argmax(onehot)
27          s.append(indices_char[one_index])
28      return ''.join(s)
29
30  def build_model():
31      # Normalize characters using a dense layer
32      model = Sequential()
33      dense_layer = Dense(INPUT_VOCAB_SIZE,
34                          input_shape=(INPUT_VOCAB_SIZE,),
35                          activation='softmax')
36      model.add(dense_layer)
37      return model
38
39  def input_generator(nsamples):
40      def generate_line():
41          inline = []; outline = []
42          for _ in range(nsamples):
43              c = random.choice(characters)
44              expected = c.lower() if c in string.ascii_letters else
                  ' '
45              inline.append(c); outline.append(expected)
46          return ''.join(inline), ''.join(outline)
47
48      while True:
49          input_data, expected = generate_line()
50          data_in = encode_one_hot(input_data)
51          data_out = encode_one_hot(expected)
52          yield data_in, data_out
53
54  def train(model):
55      model.compile(loss='categorical_crossentropy',
56                    optimizer='adam',
57                    metrics=['accuracy'])
58      input_gen = input_generator(BATCH_SIZE)
59      validation_gen = input_generator(BATCH_SIZE)
60      model.fit_generator(input_gen,
61                      epochs = 50, workers=1,
62                      steps_per_epoch = 20,
63                      validation_data = validation_gen,
64                      validation_steps = 10)
65
```

```
66  model = build_model()
67  model.summary()
68  train(model)
69
70  input("Network has been trained. Press <Enter> to run program.")
71  with open(sys.argv[1]) as f:
72      for line in f:
73          if line.isspace(): continue
74          batch = encode_one_hot(line)
75          preds = model.predict(batch)
76          normal = decode_one_hot(preds)
77          print(normal)
```

36.3　评注

在第 35 章中，我们通过手动设置密集层权重的方式显式地对神经网络进行了编程，现在，我们将注意力转向学习。学习涉及以下问题：能否以某种方式根据输入输出样本自动计算权重？事实证明，这个想法是可行的。这个重要的发现也使神经网络在过去几年里成为计算机科学家们最感兴趣的话题之一。虽然，第一个学习算法并不是那么好，并且几乎使神经网络领域的工作陷入停顿，但 20 世纪 80 年代神经网络的发展改变了该领域。

本章的示例程序与第 35 章的程序类似。唯一的区别在于密集层的"编程"过程。在第 35 章的程序中，权重是程序逻辑的一部分，而在本章的程序中，权重是学习来的。我们开始探索吧。

首先，与之前程序完全相同的部分是独热编码和解码函数（第 13 ~ 28 行）、模型构建函数（第 30 ~ 37 行）以及主程序部分（第 71 ~ 77 行）。

本程序与之前程序的不同之处在于：程序没有设置权重，而是在构建完神经网络后对网络进行训练（第 68 行与第 54 ~ 64 行中的函数）。密集层中权重的计算是通过训练完成的。作为高级的 API，Keras 隐藏了绝大部分学习过程的细节，但程序员仍需要具备一些关于机器学习的基本知识才能有效地使用 Keras。在这里，我们解释了在这个简单示例的简单神经网络中，学习是如何工作的。但请注意，这并不是 TensorFlow 和所有其他现代深度学习框架中学习的实际工作方式。但是，它非常接近 1958 年学习被首次提出时的样子，而且它根据手头问题的性质进行了额外的简化并使用了独热编码。这里有一个能够在本例中工作的简单学习算法：

1. 将权重初始化为 0。
2. 从训练集中获取一个独热编码字符，将其输入神经网络以获得输出。
3. 对于每个输出神经元，如果它的值在应该为 1 时却为 0，则针对该 [单个] 输入 1，将权重修改为 1。
4. 重复步骤 2 ~ 4，直到不再有错误。

在将所有可能的字符作为输入后，神经网络将正确地"学习"到该问题的一个可能的解决方案，这恰好与第 15 章的解决方案完全相同。

该学习算法太简单了，以至于只能用来解决当前的字符转换和编码问题，它甚至不适用于其他字符编码。现代机器学习使用一种称为反向传播的算法，该算法的基本思路可以概括为跨越多个神经网络层（而不仅仅是一层）来反向传播误差。增加还是减少权重的值以及增加或减少多少，由优化算法来确定——优化算法通常采用梯度下降算法。权重的调整是通过反复迭代来完成的，并且在训练期间变化很小，而不是像上文概述的简单算法那样发生从 0 到 1 的巨大变化。

我们回到示例程序。训练函数首先针对给定的损失函数（分类交叉熵）、优化器（adam）和成功的衡量指标（准确性）"编译"神经网络（第 55 ～ 57 行）。"编译"在这里的意思与其在编程世界中的截然不同：它意味着建立和配置神经网络以进行训练。在训练期间，张量的后端需要知道对于给定的数据，如何优化参数值，以及如何衡量成功与否。损失函数（或目标函数）将损失映射为标量值，以便可以计算和评估损失。损失函数包括均方误差、二元交叉熵等。此处使用的分类交叉熵适用于输出有两个或更多标签类别，并且这些类别采用独热编码的情形。此处就是这种情况——每个字符都是一个类别并使用独热编码。至于优化器，在批量数据处理方面，梯度下降算法有多种实现变种。此处使用的优化器（adam）在该类数据上能够迅速收敛。最后一个参数，即成功与否的衡量指标，定义了一组应该用来衡量学习过程成功与否的指标。在这个例子中，我们考量的是准确性，即训练期间真实值与预测值之间的差距。

完成模型编译后，训练函数开始进行实际的训练，这是在第 60 ～ 64 行中通过在模型上调用 `fit_generator` 方法完成的。`fit_generator` 是 `fit` 方法的一个变种，它将模型适配到给定的训练数据——学习就是这样产生的。`fit_generator` 方法也是一种 `fit` 方法，但训练和验证数据是使用 `generator` 函数提供的，而不是作为一个整体一起被加载到内存中。对于 `fit` 方法的参数，我们也需要了解一些机器学习的知识。基本上，学习发生在一批又一批的训练数据上，并对其进行多次遍历（称为 epoch）。在本例中，每个批数据的大小为 200 个样本（第 11 行），我们将训练 50 遍（epoch）。我们将 `steps_per_epoch` 定义为 20，这意味着训练集大小是 $20 \times 200 = 4000$ 个样本。图 36.1 说明了所有这些训练概念之间的关系。

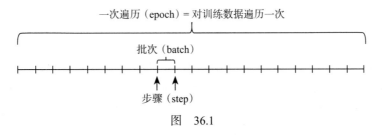

一次遍历（epoch）= 对训练数据遍历一次

批次（batch）

步骤（step）

图　36.1

最后，我们来看训练数据。对于这个特定的问题，我们可以生成无限量的训练数据，因为我们准确地知道如何使用传统程序来实现指定字符的规范化。然而，在机器学习的实际应用中，情况并非如此，训练数据通常很难获得。在本示例程序中，训练数据的生成在第 39 ~ 52 行完成。总的来说，训练数据由针对模型适当编码的输入 – 输出对构成。在此处，它是一批由独热编码表示的字符，以及其规范化后的对应字符。

如果没有充分的理由，一般不会使用生成器替代普通函数，使用普通函数时通常将训练数据存储在内存中。通常，只有当训练数据太大且内存放不下时，才会使用生成器，但此处不是这种情况。使用生成器的好处是，它可以（使程序）更容易用不同的训练参数来试验 fit 方法（第 60 行），而无须更改数据生成部分。

关于这一点，读者可能有疑问：神经网络是否能学会以第 35 章中所用的方式处理字符规范化？ 当我们控制程序时，我们将某些权重设置为 1 并将所有其他权重设置为 0。这里也是如此吗？ 不完全是，但学习到的解决方案与我们之前采用的方式有相似之处。我们可以使用以下语句检查神经网络中任何层中的任何连接的权重：

```
print(model.layers[n].get_weights()[0][i][j])
```

其中，n 是层的序号，i 和 j 分别是输入和输出神经元的序号（get_weights() 函数返回一个包含两个元素——权重和偏差——的列表，即索引 [0]）。例如，检查上一章已编程的神经网络中来自输入神经元 36（"A"）的权重是否会产生以下值：

```
[0. 0. 0. 0. 0. 0. 0. 0. 0. 0. 0. 1. 0. 0. 0. 0. 0. 0. 0. 0. 0. 0.
 0. 0. 0. 0. 0. 0. 0. 0. 0. 0. 0. 0. 0. 0. 0. 0. 0. 0. 0. 0. 0. 0.
 0. 0. 0. 0. 0. 0. 0. 0. 0. 0. 0. 0. 0. 0. 0. 0. 0. 0. 0. 0. 0. 0.
 0. 0. 0. 0. 0. 0. 0. 0. 0. 0. 0. 0. 0. 0. 0. 0. 0. 0. 0. 0. 0. 0.
 0. 0. 0. 0. 0. 0. 0. 0. 0. 0. 0. 0. 0. 0. 0. 0. 0. 0. 0. 0. 0. 0.
 0. 0. 0. 0. 0.]
```

位置 10 处的 1 被编程映射到小写字母"a"，即字符编号 10。在本章已学习的神经网络中，值类似于下面这样（具体的值因运行次数而异）：

```
[-0.72 -0.60 -0.81 -0.63 -0.91 -0.79 -0.80 -0.60 -0.74
 -0.75  0.92 -1.03 -0.92 -1.07 -0.81 -0.92 -0.81 -0.90
 -0.79 -0.90 -1.04 -0.82 -0.99 -0.90 -1.09 -1.07 -1.00
 -0.91 -0.92 -0.90 -1.07 -0.84 -0.87 -1.08 -0.85 -1.09
 -0.68 -0.65 -0.61 -0.66 -0.90 -0.63 -0.87 -0.61 -0.85
 -0.72 -0.79 -0.87 -0.78 -0.57 -0.78 -0.66 -0.64 -0.72
 -0.57 -0.60 -0.83 -0.59 -0.89 -0.64 -0.73 -0.82 -0.87
 -0.61 -0.85 -0.82 -0.66 -0.85 -0.58 -0.60 -0.69 -0.72
 -0.65 -0.79 -0.75 -0.83 -0.72 -0.62 -0.82 -0.80 -0.69
 -0.62 -0.81 -0.68 -0.66 -0.58 -0.57 -0.86 -0.61 -0.80
 -0.63 -0.72 -0.81 -0.74 -0.88 -0.57 -0.66 -0.75 -0.58
 -0.72]
```

所有值都是负的，只有位置 10 处的值是正数。我们已编程映射的所有其他样本都是如此。因此，虽然神经网络没有学习到完全一样的解决方法，但它能够学习到有同样效果的解决方法。如前所述，像这样具有 10 000 个实数值的密集层，具有的（可）"编程"表面积非常广。因此可以有大量可能的解决方案，这些解决方案也适用于当前的字符转换。

毫无疑问，通过分析输入 – 输出样本自动学习程序的可能性是神经网络带来的令人兴奋的新功能，这也使神经网络比传统计算机更强大。启用这种新功能的约束是使用可微函数——可以计算导数的函数。然而，至少在目前，使用神经网络的代价是牺牲最终程序的可读性。此风格的程序被表示为多维的实数值数组，尤其是在从数据学习时，总的来说，是极难解释的。

36.4 历史记录

在 McCulloch 和 Pitts 于 1943 年发表了关于"神经"网络的论文之后，神经心理学的发展相对缓慢。1949 年，Donald Hebb 出版了一本极具影响力的书，该书介绍了大脑处理和存储信息的理论。该理论包括了第一个关于通过突触（即神经元之间的联系）调整进行学习的模糊想法。

直到 1958 年，第一个学习算法才被 Frank Rosenblatt 设计出来，并且该算法只针对一个单一神经元：感知机。感知机是一种能够从样本中学习的神经元。Rosenblatt 的研究是建立在 McCulloch 和 Pitts 的逻辑功能神经模型与 Hebb 关于可调节突触的模糊想法之上的。从数学角度看，他将突触建模为神经元输入的权重，提出了训练数据集的想法。他的学习算法非常简单：

1. 随机设定权重。

2. 从数据集中获取一个输入，将其提供给感知机，然后计算输出。

3. 如果输出与预期结果不一致：（a）如果输出是 1，但预期结果是 0，则减少输入 1 的（感知机的）权重；（b）如果输出是 0，但预期结果是 1，则增加输入 1 的（感知机的）权重。

4. 从数据集中获取另一个输入，重复第 2～4 步，直到感知机没有错误为止。

Rosenblatt 不仅设计了该算法，而且还在定制硬件中构建了这个设计，表明该硬件可以学会正确地区分 20×20 像素图像上的形状。这一成就被视为机器学习作为一个计算领域的诞生。

被认为是人工智能之父的 Marvin Minsky 被认为于 1951 年参与了名为 SNARC（Stochastic Neural Analog Reinforcement Calculator，随机神经模拟强化计算器）的神经网络计算机（制造）的前期工作。但是除了口口相传之外，没有任何关于这项工作的痕迹。有趣的是，Marvin Minsky 对 Rosenblatt 的机器智能方法持高度怀疑态度。Marvin 的部分担忧是有道理的。当只有一个神经元和一组有限的输出值（例如 0 和 1）时，感知机工作良好，这是一个简单的分类问题。将这个基本算法扩展到一组感知机（即一层感知机），可以解决类似本章介绍的稍微复杂的问题。但感知机有很多局限性。特别是 Minsky 和 Papert 证明了仅用一层感知机是不可能实现异或 (XOR) 逻辑函数的，要实现异或 (XOR) 逻辑函数，需要用到多层感知机。Rosenblatt 的算法（感知器算法）不适用于多层的情形。由于无法进行异或（XOR）运算，感知机作为机器智能基础的前景被认为是比较渺茫的。

由于受到 Minsky 的影响，以及他对感知机的负面看法，神经网络的工作实际上被当作走到死胡同而被放弃了——直到 20 世纪 80 年代，当围绕基于规则的人工智能的炒作开始消退时，人们又开始谈论神经网络了。

36.5 延伸阅读

Hebb, D.O. (1949). *The Organization of Behavior: A Neuropsychological Theory*. John Wiley & Sons.

概要：第一个关于通过突触调整在神经网络中学习的模糊想法。

Rosenblatt, F. (1958). The perceptron: a probabilistic model for information storage and organization in the brain. In *Psychological Review*, Vol. 65(6):386–408.

概要：第一个用于单个神经元的学习算法。

36.6 词汇表

- ❑ **批次**：用于更新学习权重的训练数据的子集。
- ❑ **epoch**：对全部训练数据的一轮训练。
- ❑ **`fit` 方法**：对于给定的输入输出数据，学习到一组与之最匹配的权重。
- ❑ **学习算法**：用于寻找神经网络权重的算法，使找到的权重能够最小化真实值和预测值之间的误差。
- ❑ **损失函数**：将一系列误差映射为一个单一的数字的函数。
- ❑ **优化器**：梯度下降算法的具体实现。
- ❑ **训练**：神经网络编程中的一个阶段。在该阶段，神经网络从数据中学习相应的权重。
- ❑ **验证**：一个独立的阶段，用于测试经过训练的模型在未见过的新数据上的表现。

36.7 练习

1. 实现 36.3 节中概述的简单学习算法并展示它是如何工作的。

2. 阅读 Keras 文档，了解 Compile 方法，并在示例程序中试验不同的优化器和损失函数。还可以尝试不同的 epoch 数以及每个 epoch 的步骤数对模型的影响。看看你的发现，并形成报告。

3. 使用 ASCII 编码而不是独热编码来实现示例程序。

4. 实现一个学会将字符转换为对应的 LEET 字符的神经网络。可以使用任何你熟悉或者想使用的编码方式和 LEET 代码。

领 结 风 格

37.1 约束条件

❑ 神经网络的形状像一个领结，至少有一个隐藏层。

37.2 此编程风格的程序

```
1  from keras.models import Sequential
2  from keras.layers import Dense
3  import numpy as np
4  import sys, os, string
5
6  characters = string.printable
7  char_indices = dict((c, i) for i, c in enumerate(characters))
8  indices_char = dict((i, c) for i, c in enumerate(characters))
9
10 INPUT_VOCAB_SIZE = len(characters)
11
12 def encode_one_hot(line):
```

```python
13      x = np.zeros((len(line), INPUT_VOCAB_SIZE))
14      for i, c in enumerate(line):
15          index = char_indices[c] if c in characters else
                char_indices[' ']
16          x[i][index] = 1
17      return x
18
19  def decode_values(x):
20      s = []
21      for onehot in x:
22          # Find the index of the value closest to 1
23          one_index = (np.abs(onehot - 1.0)).argmin()
24          s.append(indices_char[one_index])
25      return ''.join(s)
26
27  def layer0_set_weights(n_layer):
28      wb = []
29      w = np.zeros((INPUT_VOCAB_SIZE, 1), dtype=np.float32)
30      b = np.zeros((1), dtype=np.float32)
31      # Let lower case letters go through
32      for c in string.ascii_lowercase:
33          i = char_indices[c]
34          w[i, 0] = 1.0/i
35      # Map capitals to lower case
36      for c in string.ascii_uppercase:
37          i = char_indices[c]
38          il = char_indices[c.lower()]
39          w[i, 0] = 1.0/il
40      # Map all non-letters to space
41      sp_idx = char_indices[' ']
42      for c in [c for c in list(string.printable) if c not in list(
            string.ascii_letters)]:
43          i = char_indices[c]
44          w[i, 0] = 1.0/sp_idx
45
46      wb.append(w)
47      wb.append(b)
48      n_layer.set_weights(wb)
49      return n_layer
50
51  def layer1_set_weights(n_layer):
52      wb = []
53      w = np.zeros((1, INPUT_VOCAB_SIZE), dtype=np.float32)
54      b = np.zeros((INPUT_VOCAB_SIZE), dtype=np.float32)
55      # Recover the lower case letters
56      for c in string.ascii_lowercase:
57          i = char_indices[c]
58          w[0, i] = i
59      # Recover the space
60      sp_idx = char_indices[' ']
61      w[0, sp_idx] = sp_idx
62
63      wb.append(w)
64      wb.append(b)
65      n_layer.set_weights(wb)
66      return n_layer
67
68  def build_model():
69      model = Sequential()
```

```
70    model.add(Dense(1, input_shape=(INPUT_VOCAB_SIZE,)))
71    model.add(Dense(INPUT_VOCAB_SIZE))
72    return model
73
74 model = build_model()
75 model.summary()
76 layer0_set_weights(model.layers[0])
77 layer1_set_weights(model.layers[1])
78
79 with open(sys.argv[1]) as f:
80    for line in f:
81        if line.isspace(): continue
82        batch = encode_one_hot(line)
83        preds = model.predict(batch)
84        normal = decode_values(preds)
85        print(normal)
```

37.3 评注

第 35、36 章的两个神经网络程序，无论有没有学习机制，都接近于离散符号操作：字符与数字数组相互转换，但这些数字仍然只有 0 和 1。在本章中，我们将利用我们能支配的整个实数范围来实现相同的字符转换。

我们将使用领结状的神经网络，而不是全连接的密集层，如图 37.1 所示。

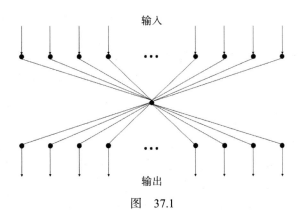

输入

输出

图　37.1

一般来说，领结神经网络包含几个密集的隐藏层，前几个隐藏层负责将多维输入映射到越来越小的维度，而最后几层则相反。这些神经网络遵循编码器－解码器架构，我们将看一下为什么这样。本示例程序中的领结神经网络只有一个隐藏层，而隐藏层只有一个神经元，如图 37.1 所示。接下来的问题是，如何将维度是 100 的一组 0 和 1 的输入编码为一个实数，然后将该实数解码回可以解释为原来的字符的维度为 100 的 0 和 1 的组合。

首先，我们将通过手动设置两层的权重来完成。然后，我们将展示权重如何被学习。

我们从示例程序的底部开始看起。该模型在第 68 ～ 72 行被定义。该模型正是图 37.1 的神经网络拓扑：有 100（INPUT_VOCAB_SIZE）个输入神经元，隐藏层只有 1 个神经元（第 70 行定义的神经元），有 100 个输出神经元。请注意，相比前面章节中的权重数量（10 000），该神经网络的规模很小，共有 200 个连接，总计 200 个权重。

此时，模型已经构建好了，权重在第 74 ～ 77 行中设置。我们该如何设置权重，才能让它们以正确的方式转换字符呢？一个更基本的问题是，在不需要任何转换时，我们该如何设置权重才能在输出中得到相同的字符？领结神经网络中的恒等函数被认为是自动编码，并且它有各种有意思的应用。理解从独热表示到实数的编码以及从实数解码回可以解释为字符的东西，是理解这些神经网络连接的关键。

上述模型的实现在第 27 ～ 49 行（第一层的权重）和第 51 ～ 66 行（第二层的权重）代码中。有大量的值可以使用，并且它们都可以正常工作。第一层和第二层的权重只需遵守一些约束。该程序使用的基本思想如下：对于给定编号 K 的字符的独热输入（其中 K 是一个正整数，在我们的示例中，K 是 0 ～ 99 的正整数），通过一些函数将其转换为实数，例如 $1/K$。该实数就是输入神经元和隐藏神经元之间的连接的权重。例如，"a"和"b"的编号分别是 10 和 11，使"a"和"b"转换到中间层的 1 编码神经元的权重分别为 0.1 和 0.0909。这意味着当输入是"a"时，隐藏神经元的值将为 0.1；当输入是"b"时，它将是 0.0909，等等。这是比较简单的。

但是，由于我们想要执行一些不是恒等函数的字符转换，因此我们切换了非小写字母字符的权重。在第 36 ～ 39 行中，所有大写字母的神经元和隐藏神经元之间的连接都被分配了对应的小写字母的神经元的权重。在第 41 ～ 44 行中，所有其他非字母的字符都被分配了空格字符的权重。这部分也是比较简单的。

挑战在于将实数值解码回字符。一种方法是将第二层的权重设置为第一层权重的倒数。例如，从隐藏层到"a"编码输出神经元的连接的权重为 10，从隐藏层到"b"编码输出神经元的权重为 11，等等。这样一来，输入"a"在隐藏神经元中产生 0.1，并在"a"的 1 编码神经元中再次产生 1。然后，这样就存在一个问题：相同的隐藏值 0.1 将通过隐藏神经元的所有连接流向输出神经元，并且这些权重都不为零。这意味着"a"的输出在"a"编码神经元中恰好为 1，而在其他神经元中则为 99 个非零值。例如，当输入为"a"时，"b"编码的输出神经元将为 0.1 × 11 = 1.1。换句话说，输出不再是一个独热字符。

一般来说，只用一个解码层来解压我们所使用的压缩数据以在输出上保护独热编码是不可能的。这里采用的压缩操作破坏了输入维度的独立性，仅用一个解码层是不可能恢复这种独立性的。这是第 36 章提到的感知机异或（XOR）问题的另一种表现。当在本章的稍后部分研究本程序的学习过程时，我们将回过头来讨论这一点。现在，先让我们接受输出不再是独热字符的事实。

尽管输出不是独热字符，但恢复它编码的字符的相关信息是完全有可能的：我们应该寻找值最接近或恰好为 1 的神经元。该神经元确保按照正确的编码 - 解码转换来编码字符。所有其他的非 1 值都是副作用。

在第 19 ～ 25 行中，示例程序有一个用于解码输出的新函数：decode_values（而不是 decode_one_hot)。该函数寻找最接近 1 的值的索引——这就是我们想要的字符的索引。

现在，我们把注意力转向学习。这些权重可以被学习到吗？答案是肯定的。事实上，我们可以在这里学到不同的东西。我们先学习本示例程序实现的函数：该函数将独热表示作为输入并生成维度为 100 的实数向量，其中只有一个元素是 1。以下代码展示了示例程序中学习对应的部分中最重要的部分：

```python
1  # ...initial block...
2
3  BATCH_SIZE = 200
4
5  def encode_values(line):
6      x = np.zeros((len(line), INPUT_VOCAB_SIZE))
7      for i, c in enumerate(line):
8          index = char_indices[c] if c in characters else
                  char_indices[' ']
9          for a_c in characters:
10             if a_c == c:
11                 x[i][index] = 1
12             else:
13                 idx = char_indices[a_c]
14                 x[i][idx] = idx/index
15     return x
16
17 def input_generator(nsamples):
18     def generate_line():
19         inline = []; outline = []
20         for _ in range(nsamples):
21             c = random.choice(characters)
22             expected = c.lower() if c in string.ascii_letters else
                       ' '
23             inline.append(c); outline.append(expected)
24         return ''.join(inline), ''.join(outline)
25
26     while True:
27         input_data, expected = generate_line()
28         data_in = encode_one_hot(input_data)
29         data_out = encode_values(expected)
30         yield data_in, data_out
31
32 def train(model):
33     model.compile(loss='mse',
34                   optimizer='adam',
35                   metrics=['accuracy', 'mse'])
36     input_gen = input_generator(BATCH_SIZE)
37     validation_gen = input_generator(BATCH_SIZE)
38     model.fit_generator(input_gen,
39                   epochs = 10, workers=1,
40                   steps_per_epoch = 1000,
41                   validation_data = validation_gen,
42                   validation_steps = 10)
43
44 model = build_model()
45 model.summary()
46 train(model)
47
48 # ...main block...
```

在这个程序中，训练数据集由输入输出对组成，其中输入是独热编码的，输出则是硬编码对应函数的输出。函数 encode_values（第 5 ~ 15 行）就是这样做的。input_generator（第 17 ~ 30 行）生成独热编码输入和作为实数向量的输出（参见第 28 行和第 29 行）。

我们来看 train 函数（第 32 ~ 42 行）。在第 36 章中，由于输出是独热表式形式的，因此训练是使用分类交叉熵损失函数完成的。但在这里，输出是一个实数向量。我们知道输出中应该只有一个 1，但这不是我们想表达的。我们正在解决学习一个真实的以类别独热编码为输入、以实数向量为输出的函数的问题。在机器学习术语中，眼前的问题是回归问题而非分类问题。回归是根据之前已知的值预测连续值的问题，分类是根据已知的值预测类别的问题。在本例中，假设输出是我们想要预测的实数集，因此我们使用简单的损失函数均方误差（Mean Square Error，MSE）（第 33 行）。我们还使用了比第 36 章更多的训练数据集（200 000 个样本而不是 4000 个样本），因为这里的函数更复杂，需要更长的时间来学习。

线性回归是机器学习（包括分类）的统计基础。线性回归起源于 19 世纪初，是一系列为了找到最适合一组数据点的直线的技术（见图 37.2）。本质上，有监督机器学习旨在根据给定的一组训练样本（数据点）学习函数。当然，有监督机器学习的内容比线性回归要多得多。具体来说，得出的函数应该是可泛化的，因为它应该适用于训练集以外的数据点。但线性回归是从数据中学习函数的核心。

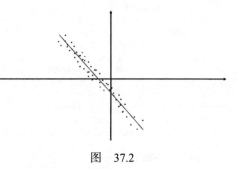

图 37.2

然而，学习程序有点令人失望。我们让神经网络学习一个狭义函数，该函数将字符转换为奇怪的向量表示。然后，我们用 decode_values 函数来解码该向量表示。虽然这在神经网络的硬编码版本中看起来很自然，但在学习版本中，必须手动解码这个奇怪的向量看起来似乎有些多余。能否让神经网络也学习如何将向量解码为较好的独热字符表示呢？

没错，我们确实可以这样做。事实上，我们也可以让硬编码版本的神经网络这样做。一种方法是通过放大 1 来设置阈值。但是，放大阈值的方法不适用于反向传播。另一种方法是增加另一个密集层，让密集层学习如何将奇怪的向量转换为独热表示，如下所示：

```
1  def build_model():
2      model = Sequential()
3      model.add(Dense(1, input_shape=(INPUT_VOCAB_SIZE,)))
4      model.add(Dense(INPUT_VOCAB_SIZE))
5      model.add(Dense(INPUT_VOCAB_SIZE, activation='softmax'))
6      return model
7
8  def train(model):
9      model.compile(loss='categorical_crossentropy',
10                   optimizer='adam',
11                   metrics=['accuracy'])
```

```
12      input_gen = input_generator(BATCH_SIZE)
13      validation_gen = input_generator(BATCH_SIZE)
14      model.fit_generator(input_gen,
15                  epochs = 10, workers=1,
16                  steps_per_epoch = 1000,
17                  validation_data = validation_gen,
18                  validation_steps = 10)
19
20  def input_generator(nsamples):
21      def generate_line():
22          # ...same...
23      while True:
24          input_data, expected = generate_line()
25          data_in = encode_one_hot(input_data)
26          data_out = encode_one_hot(expected)
27          yield data_in, data_out
```

这里值得注意的是第 5 行中的额外层。该层将实数向量作为输入，产生它的独热表示——这是我们希望的。由于这一层，我们现在能够用独热输入和独热输出再次训练神经网络，因此，input_generator 再次产生独热输出（第 26 行）。最后，因为我们返回到使用类别数据，所以训练会再次使用分类交叉熵损失函数。

总结一下：首先，单独的隐藏神经元，由于将输入转换为实数值，虽然保留了信息但也破坏了输入的特征独立性；其次，解码层恢复了输出的主要编码属性——有且只有一个神经元携带输入信号的事实；最后，最后一层能够捕获主要属性并将其转换为独热表示。数据以类别格式恢复！

第二个模型的缺点是它增加了 10 000 个权重——考虑到原始网络只有 200 个，这个增加量是比较沉重的。

37.4　历史记录

深度学习这个术语与具有多个隐藏层的神经网络密切相关。相比之下，本章最初的领结网络和前两章的神经网络都被称为浅层网络。虽然，神经网络领域从一开始就旨在处理各种类型的神经网络，但最初提出的学习技术并不适用于多层神经网络。没有多层神经网络，神经网络的适用性就相当有限了。其实几十年来，这一直是该领域的绊脚石。

1986 年，Rumelhart、Hinton 和 Williams (RHW) 在 *Nature* 杂志上发表了一篇简短但极具影响力的论文，该论文解释了如何在多层神经网络中反向传播误差。在这篇论文中，他们展示了应用他们的技术解决复杂分类问题的例子。这篇论文也标志着现代深度学习的开始，即在多层神经网络中学习。

RHW 论文的理论建立在已经存在了多年的技术之上。实际上，反向传播在 20 世纪 60 年代已被不少人发明，并且至少有一个 20 世纪 70 年代由 Seppo Linnainmaa 提出的实现被大众所知。

1974 年，Paul Werbos 在自己的博士论文中展示了如何在多层神经网络中使用反向传播。

但由于 20 世纪 70 年代的"AI 寒冬"——一段人们对 AI 深表怀疑的时期——这些作品在十年后才被曝光。

37.5 延伸阅读

Linnainmaa, S. (1970). The Representation of the Cumulative Rounding Error of an Algorithm as a Taylor Expansion of the Local Rounding Errors. Master's thesis, Univ. Helsinki.

概要：第一个已知的反向传播实现。

Rumelhart, D.E., Hinton, G.E. and Williams, R.J. (1986). Learning representations by back-propagating errors. *Nature*, 323(9):533–536.

概要：极具影响力的论文，普及了多层神经网络中反向传播的概念。反向传播的概念自 20 世纪 60 年代就已存在，并由几个人在多个领域独立发现，其中一些与神经网络无关。

P. Werbos (1974). Beyond Regression: New Tools for Prediction and Analysis in the Behavioral Sciences. PhD thesis, Harvard University, Cambridge, MA.

概要：反向传播在多层神经网络中的最早应用之一。

37.6 词汇表

- ❑ **反向传播**：将误差导数作为神经网络中权重函数的解析解。
- ❑ **深度学习**：使用具有多个隐藏层的神经网络进行监督学习。
- ❑ **梯度下降算法**：用于最小化误差的优化算法系列。梯度下降算法没有解析解，所以这些算法是迭代的。
- ❑ **隐藏层**：既不是输入层，也不是输出层的神经网络层。

37.7 练习

1. 通过对第三层（即最后一层）的权重进行硬编码来实现问题的分类版本（最后一个代码片段）。
2. 使用领结神经网络及 ASCII 编码（而不是独热编码）方式来实现示例程序。
3. 实现一个学习将字符转换为对应的 LEET 字符的神经网络。可以使用任何你熟悉或者想使用的编码方式或 LEET 代码。

神经单体风格

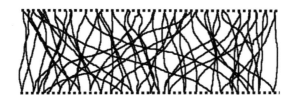

38.1　约束条件

- □ 在一个密集层中实现多个概念不同的函数。
- □ 某些逻辑上不相关的输出与输入被人为关联在一起。

38.2　此编程风格的程序

```python
1  from keras.models import Sequential
2  from keras.layers import Dense
3  import numpy as np
4  import sys, os, string
5
6  characters = string.printable
7  char_indices = dict((c, i) for i, c in enumerate(characters))
8  indices_char = dict((i, c) for i, c in enumerate(characters))
9
10 INPUT_VOCAB_SIZE = len(characters)
11 LINE_SIZE = 80
12
```

```
13  def encode_one_hot(line):
14      x = np.zeros((1, LINE_SIZE, INPUT_VOCAB_SIZE))
15      sp_idx = char_indices[' ']
16      for i, c in enumerate(line):
17          index = char_indices[c] if c in characters else sp_idx
18          x[0][i][index] = 1
19      # Pad with spaces
20      for i in range(len(line), LINE_SIZE):
21          x[0][i][sp_idx] = 1
22      return x.reshape([1, LINE_SIZE*INPUT_VOCAB_SIZE])
23
24  def decode_one_hot(y):
25      s = []
26      x = y.reshape([1, LINE_SIZE, INPUT_VOCAB_SIZE])
27      for onehot in x[0]:
28          one_index = np.argmax(onehot)
29          s.append(indices_char[one_index])
30      return ''.join(s)
31
32  def normalization_layer_set_weights(n_layer):
33      wb = []
34      w = np.zeros((LINE_SIZE*INPUT_VOCAB_SIZE, LINE_SIZE*
            INPUT_VOCAB_SIZE))
35      b = np.zeros((LINE_SIZE*INPUT_VOCAB_SIZE))
36      for r in range(0, LINE_SIZE*INPUT_VOCAB_SIZE, INPUT_VOCAB_SIZE
            ):
37          # Let lower case letters go through
38          for c in string.ascii_lowercase:
39              i = char_indices[c]
40              w[r+i, r+i] = 1
41          # Map capitals to lower case
42          for c in string.ascii_uppercase:
43              i = char_indices[c]
44              il = char_indices[c.lower()]
45              w[r+i, r+il] = 1
46          # Map all non-letters to space
47          sp_idx = char_indices[' ']
48          for c in [c for c in list(string.printable) if c not in
                list(string.ascii_letters)]:
49              i = char_indices[c]
50              w[r+i, r+sp_idx] = 1
51          # Map single letters to space
52          previous_c = r-INPUT_VOCAB_SIZE
53          next_c = r+INPUT_VOCAB_SIZE
54          for c in [c for c in list(string.printable) if c not in
                list(string.ascii_letters)]:
55              i = char_indices[c]
56              if r > 0 and r < (LINE_SIZE-1)*INPUT_VOCAB_SIZE:
57                  w[previous_c+i, r+sp_idx] = 0.75
58                  w[next_c+i, r+sp_idx] = 0.75
59              if r == 0:
60                  w[next_c+i, r+sp_idx] = 1.5
61              if r == (LINE_SIZE-1)*INPUT_VOCAB_SIZE:
62                  w[previous_c+i, r+sp_idx] = 1.5
63
64      wb.append(w)
65      wb.append(b)
66      n_layer.set_weights(wb)
67      return n_layer
```

```
68
69  def build_model():
70      # Normalize characters using a dense layer
71      model = Sequential()
72      model.add(Dense(LINE_SIZE*INPUT_VOCAB_SIZE,
73                      input_shape=(LINE_SIZE*INPUT_VOCAB_SIZE,),
74                      activation='sigmoid'))
75      return model
76
77  model = build_model()
78  model.summary()
79  normalization_layer_set_weights(model.layers[0])
80
81  with open(sys.argv[1]) as f:
82      for line in f:
83          if line.isspace(): continue
84          batch = encode_one_hot(line)
85          preds = model.predict(batch)
86          normal = decode_one_hot(preds)
87          print(normal)
```

38.3 评注

之前两章主要关注词频问题的第一部分：字符规范化。现在，我们把注意力转向问题的第二部分：消除单字母单词。当有单个字母位于两个空格之间时，应将其替换为空格，这便是一种消除方式。为此，我们不能只关注给定字符，至少还需要查看给定字符之前和之后的字符。

捕获神经网络中一系列输入之间的依赖关系，也许是神经网络最令人着迷的一个方面，因为这可以让我们对计算涉及的空间（存储空间、内存等）和时间有新的理解。到目前为止，我们所看到的简单前馈神经网络是无状态机器——它们不具备存储之前输入的信息的能力。在接下来的几章中，我们将看到对于之前输入的信息的记忆是如何在神经网络中复现出来的。但首先，在这里我们将遵守前馈、无状态密集层的严格约束。

解决该问题的第一种方法是以一对一的方式直接用时间交换空间。也就是说，与其一次处理一个字符，不如一次处理一整行字符。这样一来，我们不仅可以"编程"字符转换函数，还可以"编程"一行中不同位置的字符之间的依赖关系。我们将拥有更大的输入和输出，连接数量呈二次方增长。

示例程序正是这样做的。本示例程序与第35章中的程序有很多相似之处。在这里，神经网络不是通过学习而是通过手动设置权重来"编程"的，这样，以连接主义风格展现出来的字符之间依赖关系的逻辑就很清楚了。两个程序的函数均相同，它们的实现也类似。我们来关注一下两者之间的差异。

主要区别之一是，我们现在需要确定文本行的最大尺寸，因为密集层处理整行——神经网络要求所有输入都为固定大小的张量。行的大小在第11行（LINE_SIZE = 80）定义。如果给定行的大小低于最大尺寸值，那么独热编码函数会用空格字符填充它（第20、21行）。

另一个与大小相关的细节是，输入有额外的一个维度——参见第14、18、21和22行代码。在前面两章，这部分无须解释，因为它很自然地对应每行字符数；但在这里，却不是那么明显。Keras要求所有输入至少有2个维度：输入数据单元以固定大小的集合形式分多次提供给神经网络，这种集合形式的数据称为批次（batch）数据。因此，输入的第一个维度始终是数据批次。当输入总是一条数据时，就比如此处的情况（一行接一行），则这个维度是1。

模型的密集层（第72～74行）现在将大小为 LINE_SIZE * INPUT_VOCAB_SIZE = 8000 的输入映射到相同大小的输出。这意味着连接数高达6400万（与第35章的10 000相比太大了）！对于规模巨大的输入，密集层很快就会变得不可扩展。与第35章一样，这些连接中的绝大多数都具有零权重，只有几百个不为零。

我们来看第32～67行中给出的神经网络"程序"。小写字母（第38～40行）、大写字母（第42～45行）和非字母字符（第47～50行）的处理与之前完全相同。我们的"程序"现在包含了更多用来处理字符之间的依赖关系的连接（第52～62行）。原理如下：对于字符串中的每个字符，我们查看位于它前后的字符；对于不是字母的字符，我们对从它们的1位置到当前字符输出的空间索引，添加一个非零权重。这些权重的确切值并不重要，但需要遵守两个规则：1位置的权重应小于1；两侧的两个权重相加的值应该大于1。这样一来，当某个字符被非字母字符包围时，它从（自己前后）相邻的输入中接收两个权重，就像投票一样来决定是否将其映射到空格字符。如果它只有一个非字母字符邻居，那么它只接收一个空格字符的权重，这不足以将输出解释为空格。

请注意，就像第37章的领结神经网络示例一样，字符输出不再是独热表示，可以有多个非零值。将向量解码回字符不是问题：我们对向量中1所在位置的解析（函数 decode_one_hot，第24～30行）找到的是最大值的位置，而不是确切值1的位置（第28行）。

这个神经网络是否能够通过对训练数据的学习来自动编码呢？答案是肯定的。以下的代码片段可以将示例程序转换为通过学习自动编程的实现：

```
1  BATCH_SIZE = 200
2  STEPS_PER_EPOCH = 5000
3  EPOCHS = 4
4
5  # ...Encoding functions...
6
7  def input_generator(nsamples):
8      def generate_line():
9          inline = []; outline = []
10         for _ in range(LINE_SIZE):
11             c = random.choice(characters)
12             expected = c.lower() if c in string.ascii_letters else
                   ' '
13             inline.append(c); outline.append(expected)
```

```
14          for i in range(LINE_SIZE):
15              if outline[i] == ' ': continue
16              if i > 0 and i < LINE_SIZE - 1:
17                  outline[i] = ' ' if outline[i-1] == ' ' and
                        outline[i+1] == ' ' else outline[i]
18              if (i == 0 and outline[i+1] == ' ') or (i == LINE_SIZE
                    -1 and outline[i-1] == ' '):
19                  outline[i] = ' '
20          return ''.join(inline), ''.join(outline)
21
22      while True:
23          data_in = np.zeros((nsamples, LINE_SIZE*INPUT_VOCAB_SIZE))
24          data_out = np.zeros((nsamples, LINE_SIZE*INPUT_VOCAB_SIZE)
                )
25          for i in range(nsamples):
26              input_data, expected = generate_line()
27              data_in[i] = encode_one_hot(input_data)[0]
28              data_out[i] = encode_one_hot(expected)[0]
29          yield data_in, data_out
30
31  def train(model):
32      model.compile(loss='binary_crossentropy',
33                    optimizer='adam',
34                    metrics=['accuracy'])
35      input_gen = input_generator(BATCH_SIZE)
36      validation_gen = input_generator(BATCH_SIZE)
37      model.fit_generator(input_gen,
38                  epochs = EPOCHS, workers=1,
39                  steps_per_epoch = STEPS_PER_EPOCH,
40                  validation_data = validation_gen,
41                  validation_steps = 10)
42
43  model = build_deep_model()
44  model.summary()
45  train(model)
46
47  # Main block below
```

请注意，损失函数（第 32 行）是二元交叉熵，而不是分类交叉熵。在第 36 章中，我们使用了分类交叉熵。区别如下：在第 36 章中，输出是一个字符的独热编码表示，所以我们希望神经网络从所有其他字符学会区分准确的"类别"（即准确的独热编码神经元）。因此，分类交叉熵考虑了一组输出神经元。但是，在这里，输出是 8000 个神经元的集合，其中 80 个是 1，其他均是 0。完整的输出集不再是独热表示。所以，我们希望神经网络学会对所有输出神经元独立区分 0 和 1 值。因此，采用二元交叉熵⊖。

然而，训练有 6400 万权重的庞大神经网络并不容易。根据经验，神经网络具有的可训练权重越多，学习所需要的训练数据就越多。根据此经验估算的训练数据量也不完全相同，因为还要取决于具体的问题。但大体来说，我们至少需要接近权重数量级的数据量。对于之前的字符到字符转换的神经网络，有 10 000 个权重，训练集中有 4000 个数据样本。对于 6400 万的权重，需要大约 100 万的数据样本。上面的代码片段中的常量（第 1 ～ 3 行）

⊖ 在机器学习术语中，这意味着我们是在处理多标签分类问题。

确定了该数字（记住，训练集的大小等于 STEPS_PER_EPOCH × BATCH_SIZE）。对于 100 万数据样本和 6400 万权重规格的神经网络，训练需要很长时间。当然，具体时间可能会有所不同，取决于是否使用 GPU。我们鼓励读者试着调整、优化训练参数，尤其是训练集的大小（由 STEPS_PER_EPOCH 定义）。

本程序中庞大的神经网络体现了连接主义的单体思维。我们只是想不假思索地解决问题，并把所有逻辑都放到一个层中。这种思路与第 4 章的风格有些类似：

❑ 从设计角度来看，我们主要关注的是获得所需的输出，无须考虑将问题分解或如何利用已经存在的代码。鉴于整个问题是一个单一的概念单元，编程任务包括了定义数据和控制该单元的控制流。

在连接主义模型中，“控制流”体现在神经元之间的连接和权重值中。在这种风格中，我们将所有逻辑加载到同一个巨大的密集层中，并希望一切顺利。

第 4 章还介绍了圈复杂度的概念，它是一种用于衡量程序代码复杂度的指标。神经网络有一个等效的指标：可训练参数的数量，即可以手动或使用学习算法编程的连接数。可训练参数越多，编程和训练就越难。显然，6400 万个可训练的权重非常多，对于这个简单的问题来说是完全不合理的。更深入地思考问题的本质以及表示临时数据的方式，将帮助我们找到参数更少的模块化解决方案，它将更容易训练、更容易被人们理解。

38.4　词汇表

❑ 前馈神经网络：没有循环的神经网络。
❑ 可训练参数：在反向传播过程中被更新的神经网络权重和偏置。

38.5　练习

1. 有很多用不同权重来解决当前问题的解决方案。你能否找到一个在输出上保留独热编码的使用神经单体风格的解决方案呢？如果可以，请实现。如果不可以，请证明：不存在保证输出上的独热编码的解决方案。
2. 更改示例程序，使其在文本行的第一个和最后一个字符相同时将它们转换为其他字符（例如空格）。

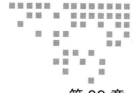

第 39 章 *Chapter 39*

滑动窗口风格

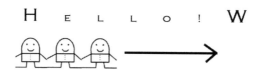

39.1 约束条件

- 输入是一个条目序列,而输出取决于该序列中的某些模式。
- 输入被重塑为原始序列中 N 个条目的串联序列,其中 N 需要足够大,以便从中捕获模式。
- 串联序列是通过以步长 S 在输入序列中滑动来创建的,而 S 具体取决于实际问题。

39.2 此编程风格的程序

```python
1  from keras.models import Sequential
2  from keras.layers import Dense
3  import numpy as np
4  import sys, os, string
5
6  characters = string.printable
7  char_indices = dict((c, i) for i, c in enumerate(characters))
8  indices_char = dict((i, c) for i, c in enumerate(characters))
9
10 INPUT_VOCAB_SIZE = len(characters)
11 WINDOW_SIZE = 3
```

```
12
13  def encode_one_hot(line):
14      line = " " + line + " "
15      x = np.zeros((len(line), INPUT_VOCAB_SIZE))
16      for i, c in enumerate(line):
17          index = char_indices[c] if c in characters else
                  char_indices[' ']
18          x[i][index] = 1
19      return x
20
21  def decode_one_hot(x):
22      s = []
23      for onehot in x:
24          one_index = np.argmax(onehot)
25          s.append(indices_char[one_index])
26      return ''.join(s)
27
28  def prepare_for_window(x):
29      # All slices of size WINDOW_SIZE, sliding through x
30      ind = [np.array(np.arange(i, i+WINDOW_SIZE)) for i in range(x.
              shape[0] - WINDOW_SIZE + 1)]
31      ind = np.array(ind, dtype=np.int32)
32      x_window = x[ind]
33      # Reshape it back to a 2-d tensor
34      return x_window.reshape(x_window.shape[0], x_window.shape[1]*
              x_window.shape[2])
35
36  def normalization_layer_set_weights(n_layer):
37      wb = []
38      w = np.zeros((WINDOW_SIZE*INPUT_VOCAB_SIZE, INPUT_VOCAB_SIZE))
39      b = np.zeros((INPUT_VOCAB_SIZE))
40      # Let lower case letters go through
41      for c in string.ascii_lowercase:
42          i = char_indices[c]
43          w[INPUT_VOCAB_SIZE+i, i] = 1
44      # Map capitals to lower case
45      for c in string.ascii_uppercase:
46          i = char_indices[c]
47          il = char_indices[c.lower()]
48          w[INPUT_VOCAB_SIZE+i, il] = 1
49      # Map all non-letters to space
50      sp_idx = char_indices[' ']
51      non_letters = [c for c in list(characters) if c not in list(
              string.ascii_letters)]
52      for c in non_letters:
53          i = char_indices[c]
54          w[INPUT_VOCAB_SIZE+i, sp_idx] = 1
55      # Map single letters to space
56      for c in non_letters:
57          i = char_indices[c]
58          w[i, sp_idx] = 0.75
59          w[INPUT_VOCAB_SIZE*2+i, sp_idx] = 0.75
60
61      wb.append(w)
62      wb.append(b)
63      n_layer.set_weights(wb)
64      return n_layer
65
66  def build_model():
```

```
67        # Normalize characters using a dense layer
68        model = Sequential()
69        model.add(Dense(INPUT_VOCAB_SIZE,
70                        input_shape=(WINDOW_SIZE*INPUT_VOCAB_SIZE,),
71                        activation='softmax'))
72        return model
73
74    model = build_model()
75    model.summary()
76    normalization_layer_set_weights(model.layers[0])
77
78    with open(sys.argv[1]) as f:
79        for line in f:
80            if line.isspace(): continue
81            batch = prepare_for_window(encode_one_hot(line))
82            preds = model.predict(batch)
83            normal = decode_one_hot(preds)
84            print(normal)
```

39.3 评注

从输入流中删除单字母单词的工作并非要知道完整字符行才能进行，只需要查看连续的 3 个字符就可以解决该问题。因此，我们可以设计一个神经网络，使其一次滑过输入行的 3 个字符并输出正确的字符。示例程序就是这样做的。我们来分析一下。

和以前一样，字符使用独热编码表示。因为总共有 100 个可打印字符，所以对于每个字符，我们都将处理大小为 100 的张量。如果以 3 个字符作为输入，我们将需要一个可以接收 300 个输入（第 70 行）并生成一个大小为 100 的向量形式的单个字符（第 69 行）的神经网络。这个神经网络比之前的网络小得多：只有 30 000 个神经连接——连接 300 个输入和 100 个输出。在分析输入之前，我们先关注一下连接的逻辑。

与第 37 章一样，这里的示例程序通过设置权重来手动"编程"神经网络。该函数位于第 36 ～ 64 行。逻辑与第 37 章的相同。唯一不同的是，权重矩阵只有 300 × 100 = 30 000（WINDOW_SIZE * INPUT_VOCAB_SIZE × INPUT_VOCAB_SIZE）个元素。

在用滑动窗口风格考虑问题时，最重要的部分或许是输入的设置。事实上，为神经网络设置输入——包括编码表示和形状——是解决问题的重要部分！稍后会详细介绍。我们来看示例程序做了什么。用独热表示编码字符的函数（第 13 ～ 19 行）与前几章一样，只有一个小区别：我们在每一行的开头和结尾各添加了一个额外的空格（第 14 行）。这与第 3 章（数组编程风格）中使用的技巧相同，因为它简化了处理给定行的第一个和最后一个字符的逻辑。

在两边添加额外的空格后，现在的问题是如何为神经网络准备输入。例如，假设有一行字符"I am a dog !"。为清楚起见，我们使用可视化的字符重写此行的空白处，包括在两边额外添加的空白处，得到"⌴I⌴am⌴a⌴dog!⌴"。一种可能的错误输入是：[⌴ I]、[am⌴]、[a⌴d]、[og!]、[⌴⌴⌴]。产生这种错误的原因有多个：首先，我们只会每三个输入字符生成一个输出字符；其次，神经网络会错过单字母单词"a"。因此，我们需要一个产生以下序列的滑动窗口：[◡I◡]、[I◡a]、[◡am]、[am◡]、[m◡a]、[◡a◡]、[a◡ d]、[◡do]、[dog]、[og!]、[g!◡]。通过一个一个地滑过行中的每个字符，神经网络在输出中产生相同数量的字符，同时根据字符本身以及其相邻的前后两个字符来对每个三元组的中间字符做决策。

为此，示例程序在第 28 ～ 34 行包含了一个新函数 prepare_for_window，该函数将独热编码的字符 x 的序列重塑为正确的三元组序列。该函数使用数组编程风格的操作来实现这些功能。在第 30 行，我们为输入中所有的三元组生成开始和结束索引，并创建一个存放它们的数组（第 31 行）。接着，该数组被用来对输入数组进行切片，切片操作一次性完成（第 32 行）。切片操作将产生一个形状为（len(line)，WINDOW_SIZE，INPUT_VOCAB_SIZE）的三维张量。在将它提供给神经网络之前，我们需要将其重塑为二维形式，即一个三元组序列（第 34 行）。

39.4 词汇表

❑ **重塑**（reshape）：重新排列多维张量数据，使其适合不同的维度。例如，大小为 100 的一维数组可重塑为大小为 10 × 10 的二维数组。

39.5 练习

1. 训练示例程序中的神经网络，而不是对其权重进行硬编码。你需要注意输出的编码。
2. 更改示例程序，使其也删除所有 2 个字母的单词。

循 环 风 格

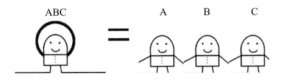

40.1 约束条件

- 输入是一个条目序列，而输出取决于该序列中的某些模式。
- 输出序列的长度与输入序列的长度完全相同。
- 输入被重塑为大小为 N 的帧（frame）序列，每一帧捕获输入序列的一部分，且帧的大小足以捕获模式。
- 帧是通过在输入序列上滑动创建的，滑动步长为 1。
- 神经函数被定义为一个单元，它被实例化 N 次并同时被应用于帧中的所有条目。这些实例被连接成一条链，一个实例的输出作为下一个实例的输入。因此，每个单元都有两组权重：一组用于输入序列中的条目，另一组用于链中前一个单元的输出。

40.2 此编程风格的程序

```
1 from keras.models import Sequential
2 from keras.layers import Dense, SimpleRNN
3 import numpy as np
4 import sys, os, string, random
```

```
5
6  characters = string.printable
7  char_indices = dict((c, i) for i, c in enumerate(characters))
8  indices_char = dict((i, c) for i, c in enumerate(characters))
9
10 INPUT_VOCAB_SIZE = len(characters)
11 BATCH_SIZE = 200
12 HIDDEN_SIZE = 100
13 TIME_STEPS = 3
14
15 def encode_one_hot(line):
16     x = np.zeros((len(line), INPUT_VOCAB_SIZE))
17     for i, c in enumerate(line):
18         index = char_indices[c] if c in characters else
                 char_indices[' ']
19         x[i][index] = 1
20     return x
21
22 def decode_one_hot(x):
23     s = []
24     for onehot in x:
25         one_index = np.argmax(onehot)
26         s.append(indices_char[one_index])
27     return ''.join(s)
28
29 def prepare_for_rnn(x):
30     # All slices of size TIME_STEPS, sliding through x
31     ind = [np.array(np.arange(i, i+TIME_STEPS)) for i in range(x.
             shape[0] - TIME_STEPS + 1)]
32     ind = np.array(ind, dtype=np.int32)
33     x_rnn = x[ind]
34     return x_rnn
35
36 def input_generator(nsamples):
37     def generate_line():
38         inline = [' ']; outline = []
39         for _ in range(nsamples):
40             c = random.choice(characters)
41             expected = c.lower() if c in string.ascii_letters else
                     ' '
42             inline.append(c); outline.append(expected)
43         inline.append(' ');
44         for i in range(nsamples):
45             if outline[i] == ' ': continue
46             if i > 0 and i < nsamples-1:
47                 if outline[i-1] == ' ' and outline[i+1] == ' ':
48                     outline[i] = ' '
49             if (i == 0 and outline[1] == ' ') or (i == nsamples-1
                     and outline[nsamples-2] == ' '):
50                 outline[i] = ' '
51         return ''.join(inline), ''.join(outline)
52
53     while True:
54         input_data, expected = generate_line()
55         data_in = encode_one_hot(input_data)
56         data_out = encode_one_hot(expected)
57         yield prepare_for_rnn(data_in), data_out
58
59 def train(model):
```

```
60      model.compile(loss='categorical_crossentropy',
61                    optimizer='adam',
62                    metrics=['accuracy'])
63      input_gen = input_generator(BATCH_SIZE)
64      validation_gen = input_generator(BATCH_SIZE)
65      model.fit_generator(input_gen,
66                    epochs = 50, workers=1,
67                    steps_per_epoch = 50,
68                    validation_data = validation_gen,
69                    validation_steps = 10)
70
71  def build_model():
72      model = Sequential()
73      model.add(SimpleRNN(HIDDEN_SIZE, input_shape=(None,
            INPUT_VOCAB_SIZE)))
74      model.add(Dense(INPUT_VOCAB_SIZE, activation='softmax'))
75      return model
76
77  model = build_model()
78  model.summary()
79  train(model)
80
81  input("Network has been trained. Press <Enter> to run program.")
82  with open(sys.argv[1]) as f:
83      for line in f:
84          if line.isspace(): continue
85          batch = prepare_for_rnn(encode_one_hot(line))
86          preds = model.predict(batch)
87          normal = decode_one_hot(preds)
88          print(normal)
```

40.3 评注

第 39 章的滑动窗口风格是针对删除单字母单词问题的一种特殊的、高度优化的解决方案。为了捕获输入序列的依赖关系，我们通常使用一种特殊的神经网络：循环神经网络（Recurrent Neural Network，RNN）。从概念上讲，循环层如图 40.1 所示。

输入

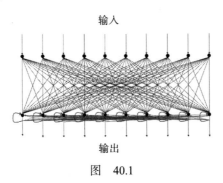

输出

图 40.1

底部的箭头表示该层的输出不仅取决于它的输入，还取决于它较早时间的输出。将这个概念对应到我们的问题，这就说明确切的输出字符取决于之前已看到的字符。这种类型的循环依赖是传统编程的基础，已经有很好的处理工具——迭代和递归。然而，对于神经网络来说，既没有控制流也没有递归工具。这些概念在神经网络里需要重新设计，而且其形式也与我们在传统编程中已然习惯的形式截然不同。

在深入研究示例程序之前，我们引入一个来自传统编程的概念来帮助我们理解循环神经网络：循环展开。循环展开是一种尝试通过将循环转换为与循环体对应的指令块序列来优化程序执行的技术。它的理念是消除控制循环的指令，例如条件语句和递增语句。这些优化并不总是可行的，但在某些情况下确实可以，例如，当我们知道迭代的确切次数时，我们可以简单地复制粘贴循环块多次并对每个块中变量的值进行必要的调整。

循环神经网络中使用了类似的技术。因为没有控制流，所以我们无法表达循环的概念，循环展开在这里不是一种可选的优化处理，而是必不可少的。在循环神经网络中，我们可以通过向模型添加 N 层来表达将一个函数重复应用 N 次的概念，每一层都做完全相同的事情，如图 40.2 所示。

有一些方法可以表达网络不同层之间的权重共享的概念，虽然到目前为止示例程序还没有使用它们。如果我们对权重进行硬编码，那么共享权重就不重要了——只需将相同的权重 / 偏置矩阵应用于多个层即可。在学习过程中，权重共享将是训练期间的约束条件：共享权重的不同层在反向传播期间必须保证具有相同的权重。共享权重的层实现完全相同的函数。

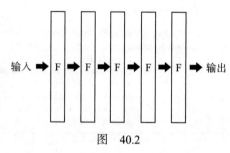

图 40.2

但这仍然不足以表达输入序列中不同条目之间的依赖关系。我们仍然需要重复多次，而重复可以通过权重共享来表达。但我们也需要在输入序列的窗口内访问信息。这是通过在神经网络中使用离散时间（准确地说是输入序列）来完成的。该理念的核心内容如图 40.3 所示。

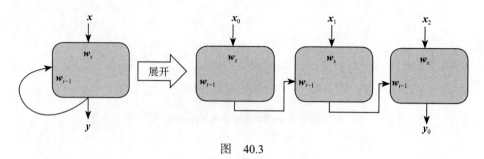

图 40.3

该图看起来很简单，因为它看起来像传统编程中的循环展开，所以很容易错过重要的细节。我们来仔细地分析一下。首先要注意的是，同一单元在不断重复（指权重共享），在本例中重复了 3 次。接下来要注意的是，每个单元都有两组而不是一组可学习的参数，其中一组是我们熟悉的常规输入到输出的权重/偏置参数。在本图中，它被标记为 w_x。第二组参数（w_{t-1}）是前一个输出到下一个输出的权重/偏置矩阵，对应图 40.1 底部的箭头。最后，还有一个与输入相关的更重要的细节：输入条目的窗口作为输入重复 N 次。在本例中，该窗口的大小为 3。只有在每处理完 3 个输入时，我们才会得到一个输出。也就是说，$y_0 = f(x_0, x_1, x_2)$，$y_1 = f(x_1, x_2, x_3)$，依次类推。输出序列随着输入序列移动。

总之，循环神经网络通过如下方式实现循环：（a）将同一个函数实例化 N 次；（b）通过实例的输出将函数的各实例连接成一条链；（c）每次从输入序列获取 N 个条目，同时将每一个条目赋予每个实例。

最后需要注意的是如何指定 N，也就是重复次数。这也许是 Keras 中循环神经网络最难懂的地方之一。本质上，这个重要参数隐含在输入的形状中！我们将在示例程序中看到如何来指定。

描述了循环神经网络中的基本概念之后，我们来分析一下示例程序，从第 71 ～ 75 行的模型定义开始。该模型由一个 SimpleRNN 层组成。该层接受某种形状的输入——最后一个维度是 INPUT_VOCAB_SIZE（100），并产生相同大小（即 100）的输出。接着，该循环神经网络的输出被送到具有 softmax 激活函数的密集层。这里应用了第 37 章中涵盖的知识，即在回归层之后应用含有 softmax 激活函数的密集层来恢复独热表示中的类别。该程序以其学习版本呈现，因此，训练部分就在第 59 ～ 69 行的代码中。训练配置是分类学习所期望的，所以这个函数并没有新的东西。

程序的第二个值得注意且难以理解的地方是 prepare_for_rnn 函数（第 29 ～ 34 行）中对输入形状的定义。该函数的输入是形状为（len(line), INPUT_VOCAB_SIZE）的张量，它对应于字符序列。输出是形状为（len(line), TIME_STEPS, INPUT_VOCAB_SIZE）的张量，对应于一系列大小为 TIME_STEPS 的集合，在本例中，TIME_STEPS 为 3。这意味着 SimpleRNN 层将展开 3 次。如果希望它展开更多次，则增加 TIME_STEPS 的值。这就是在 Keras 中指定循环神经网络重复次数的方式——它隐含在输入的形状中。

最后值得注意的是第 36 ～ 57 行中用于训练的输入输出序列的生成，特别是内部函数 generate_line，它现在看起来有点奇怪。具体来说，该函数不仅像以前一样生成输入和相应的输出，而且还在输入序列和输出序列之间执行移位操作。这是在第 38 行完成的，它在输入序列的开头插入了一个空格字符，而在输出序列的开头没有相应的空格字符。输入序列相对于输出序列移动一位，为什么？回想一下循环展开示意图。我们希望将每个字符 x_i 居中放置，以便能够确定输出 y_{i-1} 应该是什么。移动一位就可以做到这一点。

40.4　历史记录

W. Little 于 1974 年发表了关于能够随时间存储状态的神经网络的著作，这也是关于神经网络"循环"的最早研究之一。几年后，这些想法被 John Hopefield 推广开来，因此现在称为 Hopefield 网络。1986 年，Rumelhart、Hinton 和 Williams 在 *Nature* 发表的论文使用了循环神经网络的通用形式。

40.5 延伸阅读

Little, W.A. (1974). The existence of persistent states in the brain. *Mathematical Biosciences* 19(1-2): February.

概要：探索状态如何出现在（循环）神经网络中的早期论文之一。因为 John Hopefield 在接下来的几年将它推广流行，所以该神经网络被称为 Hopefield 网络。

40.6 词汇表

- ❑ **循环展开**：传统编程中的一种优化技术，通过显式地多次复制粘贴循环体的内容来消除循环。
- ❑ **权重共享**：权重共享基本等同于应用相同的函数。

40.7 练习

1. 通过对几个层的权重进行硬编码来实现示例程序。
2. 更改示例程序，使其也删除 2 个字母的单词。
3. 实现一个循环神经网络，使其能够学会将模式 "cc"（即两个重复字符）转换为 "xx"。
4. 实现一个循环神经网络能够学会将电话号码隐藏。假设电话号码以 10 位数字（例如 9495551123）或带破折号的 10 位数字（例如 949-5551123、949-555-1123）给出。当检测到电话号码时，模式中的所有数字都应替换为 x（例如分别为 xxxxxxxxxx、xxx-xxxxxxx 或 xxx-xxx-xxxx）。
5. 实现一个循环神经网络，使其能够学会将全部的停用词替换为空格。使用 `stop_words` 文件中给出的停用词。

推荐阅读

软件架构：架构模式、特征及实践指南

[美] Mark Richards 等 译者: 杨洋 等 书号: 978-7-111-68219-6 定价: 129.00 元

畅销书《卓有成效的程序员》作者的全新力作，从现代角度，全面系统地阐释软件架构的模式、工具及权衡分析等。

本书全面概述了软件架构的方方面面，涉及架构特征、架构模式、组件识别、图表化和展示架构、演进架构，以及许多其他主题。本书分为三部分。第 1 部分介绍关于组件化、模块化、耦合和度量软件复杂度的基本概念和术语。第 2 部分详细介绍各种架构风格：分层架构风格、管道架构风格、微内核架构风格、基于服务的架构风格、事件驱动的架构风格、基于空间的架构风格、编制驱动的面向服务的架构、微服务架构。第 3 部分介绍成为一个成功的软件架构师所必需的关键技巧和软技能。

推荐阅读

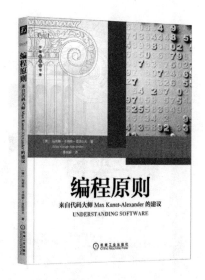

编程原则：来自代码大师Max Kanat-Alexander的建议

[美] 马克斯·卡纳特-亚历山大 译者：李光毅 书号：978-7-111-68491-6 定价：79.00元

Google 代码健康技术主管、编程大师 Max Kanat-Alexander 又一力作，聚焦于适用于所有程序开发人员的原则，从新的角度来看待软件开发过程，帮助你在工作中避免复杂，拥抱简约。

本书涵盖了编程的许多领域，从如何编写简单的代码到对编程的深刻见解，再到在软件开发中如何止损！你将发现与软件复杂性有关的问题、其根源，以及如何使用简单性来开发优秀的软件。你会检查以前从未做过的调试，并知道如何在团队工作中获得快乐。